醉美古风

CG插画角色秘笈·国色佳人

拾夏 编著

U0317439

電子工業出版社·

Publishing House of Electronics Industry

北京·BEIJING

内容简介

　　古风插画是动漫、插画爱好者非常喜欢的一种风格。本书由知名古风插画师拾夏编著，全面介绍了入门读者需要掌握的古风CG插画绘制的详细过程和技法。本书使用的软件是Photoshop，一步一图，基础知识结合大量案例，同时给出技巧提示。本书收录了作者大量的精美作品案例，有助于读者提升水平、拓展视野。

　　全书共10章，将教会您古风CG插画软件的使用，笔刷的设置和制作，色彩和构图，如何绘制古风女子的五官、发型、配饰，以及用四个综合案例巩固知识，强化实践技能。

　　本书适合古风插画爱好者，以及初、中级动漫绘画者学习，也可以作为动漫专业师生的参考用书。

未经许可，不得以任何方式复制或抄袭本书之部分或全部内容。

版权所有，侵权必究。

图书在版编目（CIP）数据

醉美古风：CG插画角色秘笈·国色佳人 / 拾夏编著. —— 北京：电子工业出版社, 2018.7
ISBN 978-7-121-34332-2

Ⅰ. ①醉… Ⅱ. ①拾… Ⅲ. ①三维动画软件 Ⅳ. ①TP391.414

中国版本图书馆CIP数据核字(2018)第111235号

责任编辑：孔祥飞
印　　刷：北京富诚彩色印刷有限公司
装　　订：北京富诚彩色印刷有限公司
出版发行：电子工业出版社　　北京市海淀区万寿路173信箱　　邮编：100036
开　　本：787×1092　　1/16　　印张：13.75　　字数：330千字
版　　次：2018年7月第1版
印　　次：2018年7月第1次印刷
定　　价：119.00元

　　凡所购买电子工业出版社图书有缺损问题，请向购买书店调换。若书店售缺，请与本社发行部联系，联系及邮购电话：（010）88254888，88258888。

　　质量投诉请发邮件至zlts@phei.com.cn，盗版侵权举报请发邮件至dbqq@phei.com.cn。

　　本书咨询联系方式：010-51260888-819，faq@phei.com.cn。

自序

这本教程制作了很久，从 2016 年开始与电子工业出版社编辑孔祥飞谈合作，到现在已经有两年时间了，中间有过停笔，感谢编辑一直以来的支持和耐心。之前笔者在画图中不严谨的地方，在制作教程的时候改正了很多，为了更好地诠释和讲解，也搜集了很多资料，有网络上的，也有自己去图书馆找来的，重点对古代服饰、发型的一些专有名词做了细致的解说。这是画图这么久以来，笔者做得最认真的事。

笔者在网络上讲课有八年了，这期间积累了很多学员经常会遇到的问题，以及上课时未能讲解全面的知识点，几乎都整理到这本教程里了，希望对初学者和想要进阶的学员有所帮助。

笔刷设置内容，在本书中的位置比较靠前，其中所提到的绘图笔刷都可以提前设置好再进行学习和练习。也希望读者看完本书后能在笔者的微博留言或通过私信交流书中没有提到的知识点，以便以后编写出更详细、更有干货的教程。

画图是需要耐心和恒心的，技法永远是建立在基础上的，希望大家在学习技法的同时，也要提升自己的画图基础，勤于练习才会有实质性的进步。

单就画图来说，"书读百遍，其义自见"的道理是行不通的，因为画图是门手艺，实践才是硬道理。

回想起每次公开课，现场总会有人问，老师你画了多久了？我现在开始学晚不晚？

以现在为节点，笔者画了有 10~11 年，都是自学的，直到开始创办"我画""绘梦"学院开始，才有了亦师亦友的伙伴。即便现在出版了教程，笔者依然需要不断学习，所以现在开始永远是不晚的。

希望发现这本教程编写不足之处的朋友们不吝赐教，多多指正，大家一起研究技法，一起进步。

最后，想对辛苦帮笔者带宝宝的妈妈说声谢谢，有了妈妈的支持，才有更多时间来编写教程、画图。

目录

目 录

目录

目 录

壹

古风插画工具介绍

1.1 电脑配置

初学插画的同学通常对电脑配置比较感兴趣，其实，就运行绘图软件而言，CG 插画所使用的软件对电脑配置的要求并不高。占用空间大一点的绘图软件如 Photoshop、Painter，占用空间小一点的绘图软件如 SAI。一般选择能玩当下主流网游的电脑配置就足够了，相对来说，选择好的主板、独立显卡和显示器更为重要，内存和其他硬件用中上等的就可以了。

首先说下主板，笔者习惯用华硕或微星的主板，其在做工、稳定性等方面都不错。一般需要有 VGA、DVI、HDMI、DP 这几个接口。

其次是显卡，要看显存、核心和频率。显存当然越大越好，频率越高，运行速度越快。

最后是显示器，在使用方面，笔者比较推荐 Dell、艺卓的显示器，当然其他的也有不错的，相对来说，Dell 的性价比会高一些。但是并非买到品牌显示器，效果就会不错，希望大家在购买时，提醒店家是做专业绘图用的，最好是磨砂屏，不推荐高反光的光滑屏。

以上是关于电脑配置的一些建议，大多数笔记本电脑还是不适合画图的，如果经济条件允许的话，品牌机的售后保障还是不错的。

下面截图是笔者个人电脑的配置，仅供参考。

电脑型号	X64 兼容 台式电脑（扫描时间：2018年01月13日）
操作系统	Windows 7 旗舰版 64位 SP1（DirectX 11）
处理器	英特尔 Xeon(至强) E5-2650 0 @ 2.00GHz 八核
主板	英特尔 X79（英特尔 Xeon E5/Core i7 DMI2 - H61 芯片组）
内存	16 GB（南亚易胜 DDR3 1066MHz / 海力士 DDR3 1333MHz）
主硬盘	Getrich SSD 120GB（120 GB / 固态硬盘）
显卡	Nvidia GeForce GTX 1060 3GB（2 GB / 华硕）
显示器	艺卓 ENC2350 CS230（23.1 英寸）
声卡	英特尔 6 Series Chipset 高保真音频
网卡	瑞昱 RTL8168/8111/8112 Gigabit Ethernet Controller

1.2 手绘板配置

市面上手绘板的品牌不多，种类却不少，价位也是五花八门的。

一个好的手绘板，会让画图事半功倍，相反，手绘板不趁手，画图的兴趣相对会减弱很多，希望大家能重视起来。笔者建议选择 Wacom 影拓系列，价格在 2000~3000 元的基本就够用了。数位屏并不是初学者的首选。

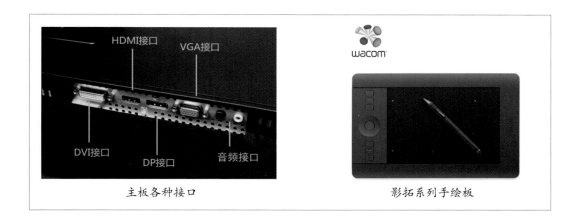

主板各种接口　　　　　　　　　　　　影拓系列手绘板

1.3 PS 软件介绍

Photoshop 简称为 PS，本书主要介绍如何用 PS 软件画图。PS 系列软件的版本有很多，笔者用的是 PS CC 版本。

PS 软件界面如下图所示。

在画图中每个人的习惯不同，界面的摆放也不相同，我们可以根据自己的喜好，调整舒适的绘图界面并保存下来。

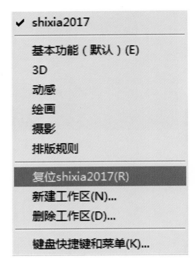

在"新建工作区"对话框中，修改"名称"后单击"存储"按钮（如：shixia2017），当需要恢复调整后的工作区时选择"复位 shixia2017"菜单命令。

1.4 PS 软件使用

在本节中，会对 PS 工具及部分功能介绍得比较详细，更适合初学者学习，已经有一定基础的同学，可以跳过此节。

1.4.1 菜单栏

文件

"文件—新建"命令：一般画插画，大小为 A4 纸大小（210 毫米 ×297 毫米），分辨率设为 300 像素 / 英寸。如果用途为印刷，颜色模式设置为 CMYK 颜色；如果是电子图片，颜色模式选择 RGB 颜色。最后单击"确定"按钮。

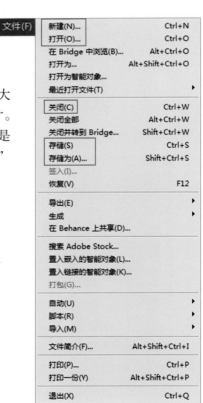

"文件—打开"命令：选择想要打开的文件。

"文件—关闭 / 关闭全部"命令：可关闭单个文件或关闭所有文件。

"文件—存储"命令：快捷键为 Ctrl+S, 在画图过程中要养成经常保存的好习惯。

"文件—存储为"命令：将文件另存为其他名称的备份。

"文件"菜单中的其他选项使用频率均不是很高，本书不再赘述。

编辑

"编辑—后退一步"命令：快捷键为 Alt+Ctrl+Z。

"编辑—自由变换"命令：快捷键为 Ctrl+T。

"编辑—定义画笔预设"命令：可制作画笔（在后面章节会详细介绍）。

"编辑—定义图案"命令：可定义图案，用填充工具操作。

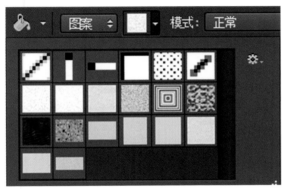

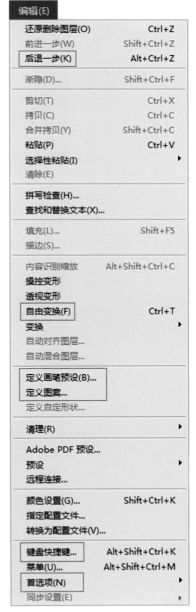

"编辑—键盘快捷键"命令：可重新自定义快捷键。通过"快捷键用于"选项，选择需要更改的快捷键名。

"编辑—首选项"命令：可重点设置"性能"和"暂存盘"选项，确保PS运行顺畅。"性能"可设置历史记录具体步骤；"暂存盘"选项可设置当前打开文档的暂存位置，可选择除系统盘外的剩余存储空间比较大的盘。

图像

　　"图像"是 PS 软件里特别重要的菜单选项，绘制插画时会经常用到，尤其是下图中用红色标注的功能。其中，"调整"功能更是重中之重。

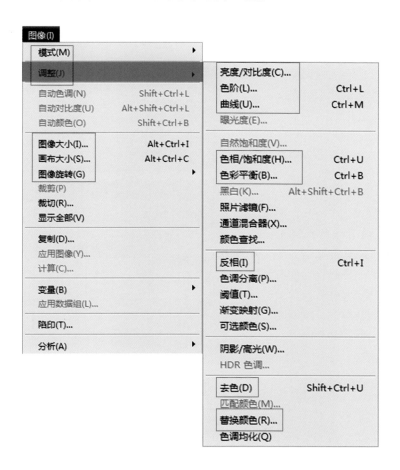

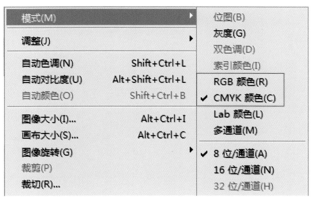

"图像—模式"命令：在新建文件的时候如果没有选择好图片的颜色模式，可在这里重新调整。如果是画黑白插画的话，也可选择灰度模式。

"图像—调整"命令：前面的插图已显示了"调整"子菜单选项，下面介绍其中在画插画时经常用到的功能。

亮度 / 对比度：增加亮度值会将图片中颜色较浅的部分提亮；增加对比度值会加强图片中的颜色对比，使暗部加深，亮部提亮。

色阶：快捷键为 Ctrl+L，不仅可以通过移动滑块调整图片整体明暗，还可以选择通道，单独调整图片中某一种颜色。如右图所示，如果是 RGB 模式，图片将不能单独调整黑色，所以建议最初画图时选择CMYK模式，会更加方便。

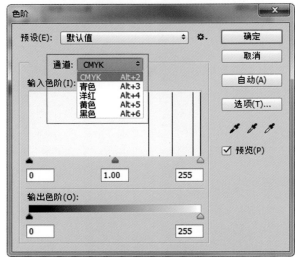

曲线：快捷键为 Ctrl+M，功能类似于色阶，但相比色阶可以更加灵活地调整图片深浅，通过调整连接对角线的斜线即可。支持多点调节，如果某个调整点不再需要了，可将其拖向框外，即可撤销。曲线的通道功能和色阶的通道功能通用。

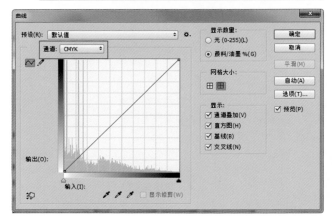

色相 / 饱和度：快捷键为 Ctrl+U，可通过色相、饱和度、明度这些滑块调整相应参数。"全图"下拉菜单中有更多的颜色选项，可针对某颜色进行单独调整。

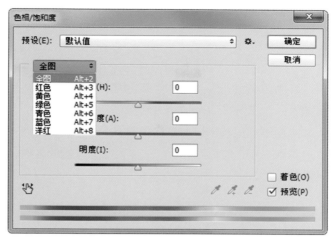

色彩平衡：快捷键为 Ctrl+B，可单独调整图片中某一种颜色，类似于色相 / 饱和度中单选颜色后调整色相的功能。所不同的是，色彩平衡可以单独调整阴影、中间调、高光部分的颜色。

反相：快捷键为 Ctrl+I，可将图片颜色反相显示，比如黑色可转换成白色，暗红色可转换为亮蓝色等。多用于黑发转换成白发，黑衣转换成白衣。

替换颜色：颜色容差值可决定颜色选择范围的大与小，类似于魔棒工具的颜色选择范围的功能，然后可对选择的颜色进行调整。

醉美古风：CG 插画角色秘笈·国色佳人

去色：快捷键为 Ctrl+Shift+U，可对彩图进行去色处理。

图层

在画图中，几乎大部分菜单功能都可以通过图层窗口实现。关于图层，需要记住的快捷键为：合并图层 Ctrl+E; 合并可见图层 Ctrl+Shift+E。

画图中常用的图层功能都已经标注在下面图①和图②中了，下文讲解时会经常用到并通过实例解读，现在需要大家记住各部分按钮的名称。"图层"菜单（图③）了解即可，不用专门记忆。

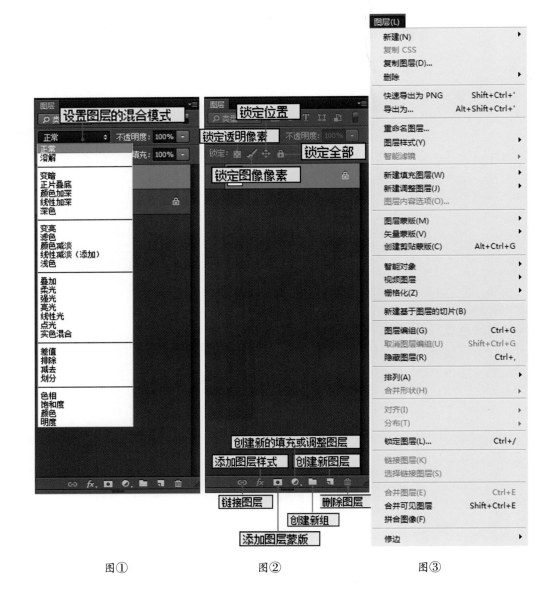

图①   图②   图③

设置图层的混合模式：以下为各种模式的示例，至于具体画图时应用哪种模式，还要因图而异。

正常	溶解	变暗
正片叠底	颜色加深	颜色减淡

变亮　　　　　　　线性减淡　　　　　　柔光

亮光　　　　　　　差值　　　　　　　排除

其他常用菜单命令

"选择—色彩范围"命令：颜色容差值大小即颜色选择范围大小，功能类似于魔棒工具，但比魔棒工具选择得更加精准。这是一个非常好用的颜色范围选择工具。

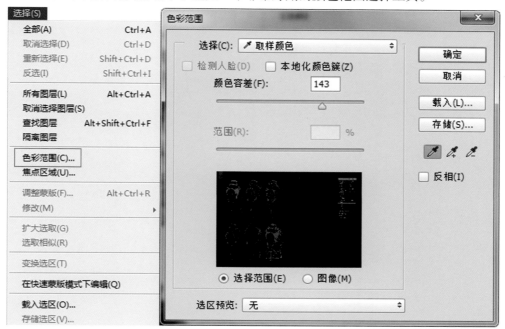

"滤镜—模糊"命令：可对图片进行模糊处理，多用于有镜头感的前景或远景。

常用的模糊方式已经在下图中用框标出。

"滤镜—锐化"命令：用于锐化图像中的边缘，可以快速调整图像边缘细节的对比度，并在边缘的两侧生成一条亮线和一条暗线，使画面整体更加清晰。对于高分辨率的输出，通常锐化效果在屏幕上显示的比印刷出来的更明显。常用到的锐化效果有：进一步锐化、锐化边缘、智能锐化。其中智能锐化能更精准、清晰地展现锐化结果。

"滤镜—杂色—中间值"命令：滤镜通过混合选区中像素的亮度来减少图像中的杂色。

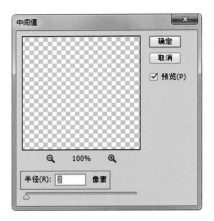

"中间值"对话框中的"半径"框用于填写像素数值，数值越大，模糊程度越深，一般图片设置为2~8像素就可以了。

对图片进行中间值处理

"滤镜—风格化—查找边缘"命令：用于标识图像中有明显过渡的区域并强调边缘。与"等高线"滤镜一样，"查找边缘"滤镜在白色背景上用深色线条勾画图像的边缘，对于在图像周围创建边框非常有用。

　　通常，"查找边缘"边缘仅仅可以概括地勾勒图片线条，对于彩色图片则需要用"去色"功能，达到黑白线条的效果。

　　在画插画时，菜单命令中的其他功能用得并不多，只需要熟练掌握以上菜单功能，其他功能了解一下即可。

1.4.2 工具和选项栏

工具和选项栏需要一起介绍，使用不同工具，选项栏上的选项会随之变动。

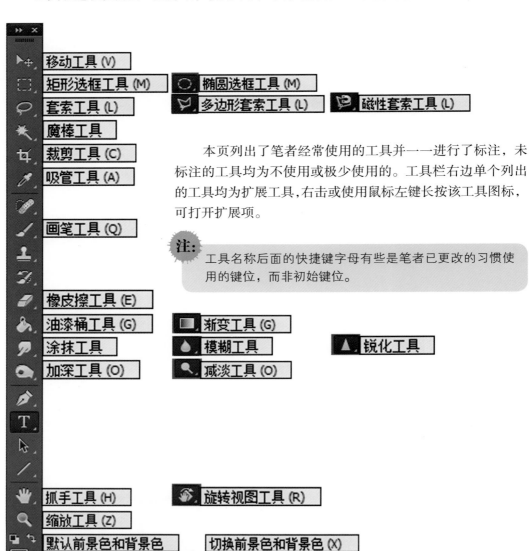

本页列出了笔者经常使用的工具并一一进行了标注，未标注的工具均为不使用或极少使用的。工具栏右边单个列出的工具均为扩展工具，右击或使用鼠标左键长按该工具图标，可打开扩展项。

注：工具名称后面的快捷键字母有些是笔者已更改的习惯使用的键位，而非初始键位。

下面以下面这张古代女子图为例，介绍 PS 软件里面的调整功能。选区、移动、变形、涂抹、液化是我们常用的五种修图利器。

首先，有关工具，套索、多边形套索、磁性套索、矩形选框、椭圆选框、魔棒，这几项都可作为选中图片时修改局部的工具。

①先用选区工具选择图片中需要调整的部分，然后复制图层。

②选择刚才复制的图层作为当前图层，执行"滤镜—液化"命令，用液化工具调整唇部角度。

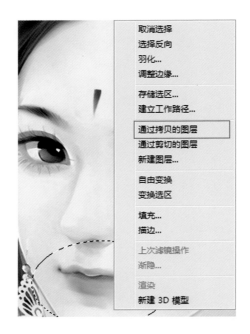

滤镜(T)	
上次滤镜操作(F)	Ctrl+F
转换为智能滤镜(S)	
滤镜库(G)...	
自适应广角(A)...	Alt+Shift+Ctrl+A
Camera Raw 滤镜(C)...	Shift+Ctrl+A
镜头校正(R)...	Shift+Ctrl+R
液化(L)...	Shift+Ctrl+X
消失点(V)...	Alt+Ctrl+V

③执行"滤镜—液化"命令，打开"液化"对话框，选择"向前变形工具"，移动唇部左角位置。移动范围大小，在画笔工具选项的"大小"框中填写具体像素值，或拖动滑块调整。压力值一般设置为100。

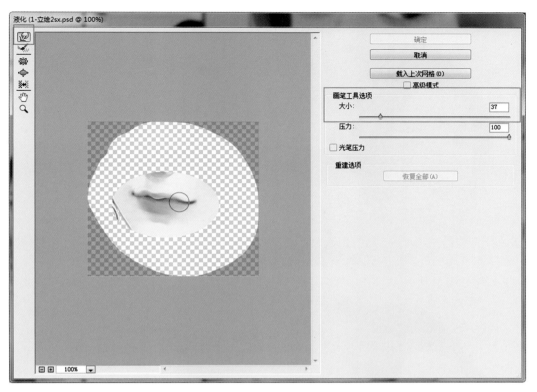

液化 (1-立绘2sx.psd @ 100%)

确定

取消

载入上次网格 (0)

☐ 高级模式

画笔工具选项

大小: 37

压力: 100

☐ 光笔压力

重建选项

恢复全部 (A)

100%

④移动好位置后，单击"确定"按钮。基本上挪动位置是唇的中间部分，移动平一些的线条来改变唇的形状。

在液化操作中，如果移动失误，可以按快捷键 Ctrl+Z 来撤销最后一步操作。

⑤用矩形选框工具选中头部，然后按快捷键 Ctrl+T，图形中的选区将出现 8 个控点。

⑥按住 Ctrl 键拖动边角控点，可单独调整某一控点。

⑦按住 Shift 键拖动控点，可等比例缩放选中区域内的图像。

⑧在矩形选框图层，按快捷键Ctrl+T，然后选择选项栏里的田字格 ![插值：两次立方 田] ，图片中将出现九宫格。

⑨可拖动九宫格任意一格或图中控点更细致地调整图片。撤销/返回上一步的快捷键为Ctrl+Z；确定的快捷键为Enter（回车键）。

其次，对于画笔、橡皮擦、加深/减淡、模糊/涂抹等工具，都可随意选择笔刷，这些也是画图过程中的核心工具。除画笔和橡皮擦外，其他工具通常选择柔边圆压力不透明度笔刷。笔刷像素大小不限定，大一点的100号、200号都可以，是一样的笔刷，只是大小不同。

最后，抓手工具（快捷键为空格键）、旋转视图工具（快捷键为R）、缩放工具（快捷键为Ctrl–或Ctrl+）、更改屏幕模式（快捷键为F）这里不做详细介绍，在后文中会有涉及，大家平时要多多尝试并练习。

笔刷效果 ↑

贰

笔刷的设置与制作

2.1 笔刷介绍

绘画前我们先要制作笔刷，执行"窗口—画笔预设"命令，可调出"画笔预设"框，如下图所示，单击右上角红框处，可打开下拉菜单。

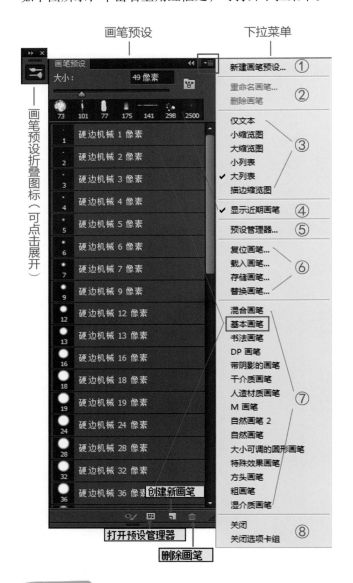

①新建画笔预设。

②删除画笔。在画笔预设框底部有快捷按钮。

③笔刷显示方式。笔者个人习惯用大缩览图模式，左图中为了清晰显示笔刷名称，用了大列表模式。

④显示近期画笔。这个功能好像在 PS CC 之前的版本中是没有的。

⑤预设管理器。在画笔预设框底部有快捷按钮。

⑥复位画笔、载入画笔、替换画笔这几个功能均可用于载入画笔，区别在于选择"复位画笔"命令时，会出现对话框询问是替换还是追加；使用替换画笔则会覆盖原有画笔；载入画笔功能可用于追加画笔；存储画笔功能可把当前画笔单独存储为 .ABR 格式。

⑦画笔类型，均可加载或追加，是 PS 自带的画笔。

特别提示：

打开预设管理器，可批量存储和删除笔刷，按住 Ctrl 键可单击选择不连续的多个笔刷；按住 Shift 键单击可选择连续的多个笔刷。按住 Alt 键，将鼠标指针移动到笔刷处，指针会变成黑色小剪刀形状，此时单击可删除不需要的画笔。

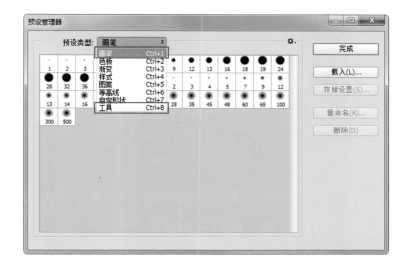

在预设管理器的预设类型里可选择当前显示的工具预设。我们使用的笔刷有两种预设，扩展名分别为.ABR和.TPL，一个是画笔预设。另一个是工具预设。画笔预设可在画笔框里调试，可同时用于画笔、橡皮擦、加深 / 减淡等工具；工具预设只能在工具预设里打开，每项工具均有专用工具，可勾选"仅限当前工具"复选项。工具预设的选项和下拉菜单与画笔预设的相似，在此就不多赘述了，参考前文即可。

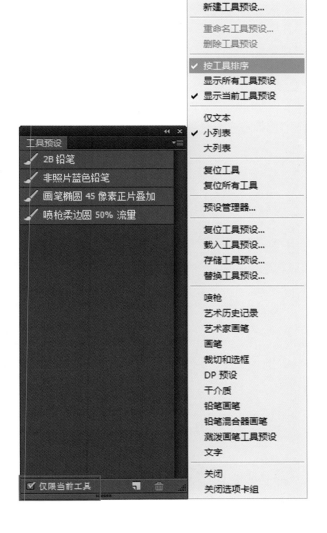

笔者习惯使用画笔预设，不仅因为其在使用上和很多工具通用一个画笔，还因为其在笔刷显示上比工具预设多两种模式，所以笔者经常将用得惯的工具转存为画笔。只要将工具预设里的某一画笔选为当前画笔，然后在画笔预设里单击"新建"按钮，就可在画笔预设最下面找到新画笔。

画笔预设里的"特别提示"同样适用于工具预设。

"混合画笔"—大缩览图

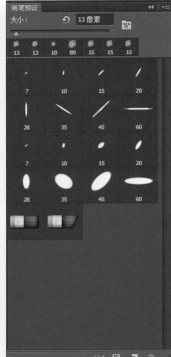

"书法画笔"—大缩览图

"DP 画笔"—大缩览图

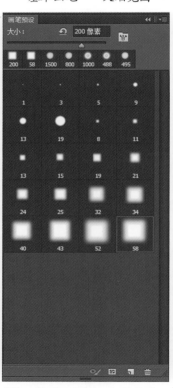

"带阴影的画笔"—大缩览图

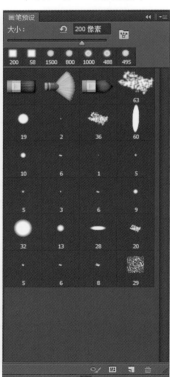

"干介质画笔"—大缩览图

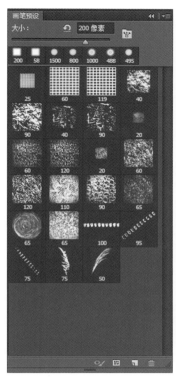

"人造材质画笔"—大缩览图

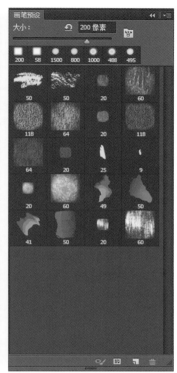

"M画笔"—大缩览图

"自然画笔2"—大缩览图

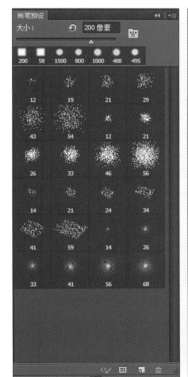

"自然画笔"—大缩览图

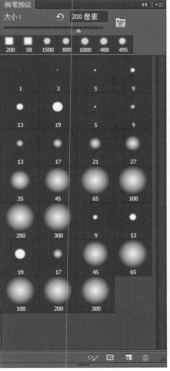

"大小可调的圆形画笔"—大缩览图

"特殊效果画笔"—大缩览图

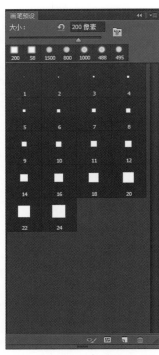

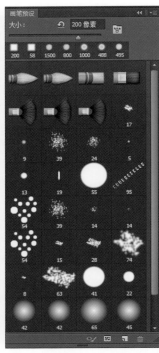

　　"方头画笔"—大缩览图　　　　"粗画笔"—大缩览图　　　"湿介质画笔"—大缩览图

　　以上为 PS 自带的画笔预览。PS 已经把笔刷分类做得很好了，我们需要掌握的就是：牢记常用画笔的外形。画笔外形种类并不多，比如上图中的方头画笔，基本是一样的效果，只是大小像素不同罢了。这样，我们后期在学习笔刷设置和制作的时候，才会快速地找到 PS 自带笔刷的具体位置。

　　下面介绍"画笔"浮动窗口的功能，调出方式为："窗口—画笔"命令。

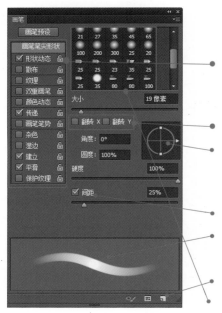

"画笔笔尖形状"主要用于调整笔尖形状，包括形状动态、散布、纹理等动态控制，单击选项名称可切换到相应面板进行笔尖动态的细致调节。

"翻转 X/ 翻转 Y"用于启用水平或垂直的画笔翻转。

"圆坐标"用于设置画笔的圆度和角度，并产生透视效果，也可直接在"角度"和"圆度"文本框中输入具体的参数值。

"间距"用于设置画笔笔尖的间距。

"画笔形态缩览图"用于即时查看画笔的动态。

"新建"用于新建当前画笔动态预设。

用于选择画笔笔尖形状。

下面先介绍"传说中"的"19号"。很多初学者问，有那么多19号笔刷，哪个才是插画师们说的19号呢？它的位置在哪？"19号"全称为喷枪钢笔不透明描画，有些版本叫硬边圆压力不透明度。如果你的PS里没有这个笔刷，那么可以加载"大小可调的圆形画笔"，在里面就可以找到19号笔刷。

笔刷效果：

下面以19号笔刷为例，介绍笔尖形状的各项功能，这也是我们以后调试、设置笔画的重要内容。

形状动态：用于调整笔尖形状变化。

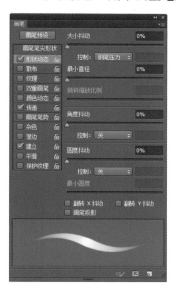

控制：钢笔压力。以最小直径控制笔尖两端的尖度，如左图所示调至0%，19号笔刷两端变为尖角。尖角画笔更适合描线。

笔刷效果：

散布：在"控制"框中选择"钢笔压力"选项、数量值越大，组合的圆点越多。19号画笔由多个圆点组成，散布使圆点不再平行排列。

笔刷效果：

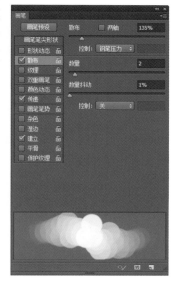

纹理：从图案拾色器里选择要加载的纹理，此处的纹理可通过"编辑—定义图案"添加。选中红圈处的比较明显的纹理。深度值可用于控制纹理的深浅。

笔刷效果：

双重画笔：用于调整双重画笔形状。

双重画笔是非常好用的笔刷制作工具，它可以同时定义两种画笔，使两种画笔混合，组合出新的画笔。

这里组合的两种画笔为19号画笔"喷枪钢笔不透明描画"和新载入的湿介质画笔中的"画笔工具纹理梳"。

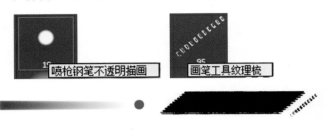

双重画笔效果：

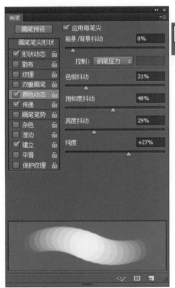

颜色动态：用于调整颜色变化。

选择两种颜色设置前景色和背景色，在"控制"框中选择"钢笔压力"选项。此功能在插画中的用途不是特别广泛，大家了解一下即可。

笔刷效果：

传递：有两个控制选项，一般都选择"钢笔压力"。如果画图过程中笔刷无压感了，需要检查的其中一项就是是否勾选了"传递"选项。

19号笔刷(不勾选"传递"选项)效果：

19号笔刷（勾选"传递"选项）效果：

杂色：向画笔笔尖添加杂色。平滑的边缘会加一点毛边，提升画笔的绘画效果。

湿边：强调画笔描边的边缘。有湿边效果为，无湿边效果为。直观上像是锐化边缘。

建立：启用喷枪样式的建立效果。

平滑：启用鼠标路径平滑处理。

保护纹理：应用预设画笔时保留的纹理图案。

画笔笔势：调整画笔的笔势，在书法里应用比较多，了解即可。

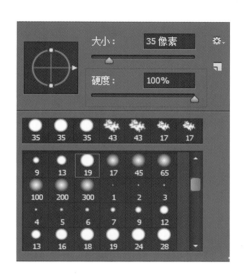

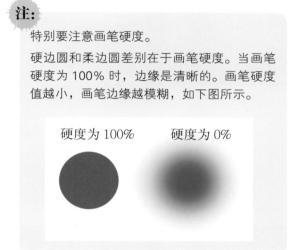

注：

特别要注意画笔硬度。

硬边圆和柔边圆差别在于画笔硬度。当画笔硬度为100%时，边缘是清晰的。画笔硬度值越小，画笔边缘越模糊，如下图所示。

硬度为100%　　硬度为0%

2.2 笔刷设置

　　笔刷设置和笔刷制作不同，基本上都是用原有的笔刷进行调试的，也就是用前面笔刷介绍里提到的各种绘图笔刷进行调试的。笔刷设置是在"窗口—画笔"里设置的，通过调试形状动态、散布、纹理、杂色、湿边等来设置出不同效果的笔刷。

2.2.1　19 号笔刷设置

显示方式选择"大列表"

在 PS 软件里找到"硬边机械 19 像素"，这是一个 PS 自带的笔刷，添加方式如左图①②所示，然后单击"追加"按钮③。从画笔预设列表偏下方就可找到"硬边机械 19 像素"。

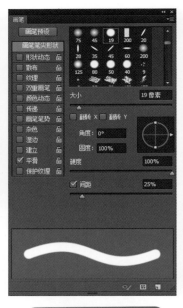

笔刷效果：

设置笔刷：单击上图中④标记的图标，出现"画笔"对话框，勾选⑤⑥选项，将⑦间距参数设置为 0% 和 10% 之间的任意数值，具体数值根据自己习惯而定，数值越大，笔触感越强。最后单击⑧图标新建笔刷，调整后的笔刷就会出现在画笔预设的最下方。

2.2.2　19号尖角笔刷设置

执行"窗口—画笔"命令，打开"画笔"对话框，选择"形状动态"①；控制选项选择"钢笔压力"②；"最小直径"改为0%③，也可拖动下方三角形滑块改变百分比。最后单击图标④新建笔刷，调整后的笔刷就会出现在画笔预设的最下方。

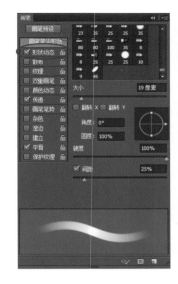

笔刷效果：

2.2.3　19号扁笔刷设置

执行"窗口—画笔预设"命令，打开画笔预设窗口。笔者习惯把画笔预设一直打开，方便画图时选择笔刷。笔者习惯的笔刷显示方式是大缩览图模式，左图为大列表模式，方便查看笔刷名称。

在画笔预设窗口里单击按钮①打开"画笔"窗口，选择"硬边机械19像素"，勾选"形状动态""传递"和"平滑选"项，然后拖动②的箭头变成③的方向，并拖动②的圆点，使圆形变成椭圆形。最后单击图标④新建笔刷，调整后的笔刷就会出现在画笔预设的最下方。

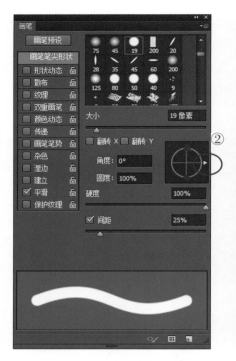
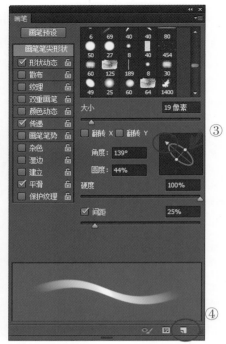

笔刷效果：

如果希望笔触减少，可把间距调到 0%。

2.2.4　19 号扁笔刷设置

载入混合画笔，单击"追加"按钮，会在画笔预设最下方加载，而不覆盖原有的笔刷，然后在混合画笔里找到左图所示的 28 号笔刷。原有笔刷效果如下图所示。

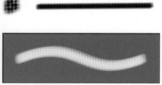

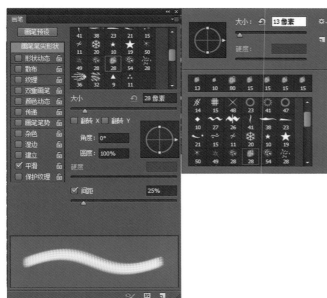

打开"画笔"窗口的同时，需要把 28 号笔刷的像素值调小，描线类型的笔刷不宜太粗。对于一张 A4 大小的 300 像素/英寸的画布，笔刷大小选择 13 像素以内的值就可以了。在画笔笔尖形状选项中勾选"形状动态""散布""纹理""传递""杂色""平滑"。

然后设置形状动态参数，把里面所有的"控制"选项都设置为"钢笔压力"。

注：
这里的笔刷间距不宜调到最小，带一点笔触效果的水墨勾线感觉会更好。
笔刷设置后的效果如下图所示。

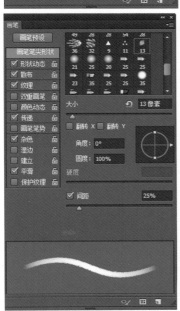

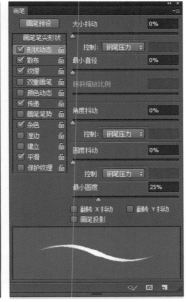

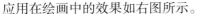

应用在绘画中的效果如右图所示。

2.2.5 铅笔笔刷设置

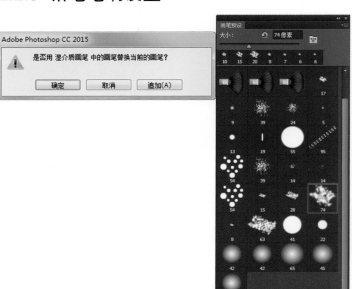

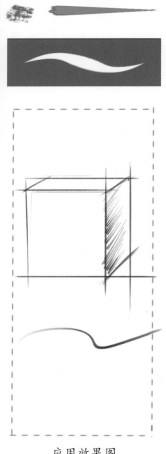

载入湿介质画笔，单击"追加"按钮，会在画笔预设最下方加载，而不会覆盖原有的笔刷，然后在湿介质画笔里找到左图所示的74号笔刷。原有笔刷效果如下图所示。

首先把湿介质画笔里面的74号笔刷（全称：中号湿边油彩笔）调小为10像素，然后打开"画笔"窗口，勾选"形状动态""散布""纹理""传递""杂色""平滑"选项。设置散布选项的参数：把散布百分比调为35%，数量设为1，数量抖动设为0%，控制设为"关"。

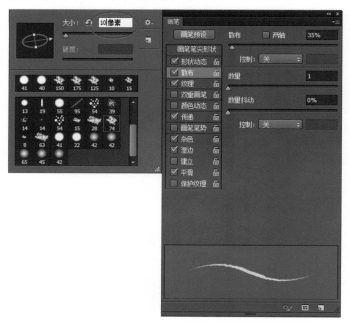

笔刷设置后的效果：

应用效果图

2.2.6 大涂抹炭笔设置

首先，复位画笔，把滚动条拖动至底端，找到 36 号大涂抹炭笔，然后打开"画笔"窗口，把大涂抹炭笔的大小像素值调高（200~300 像素）。

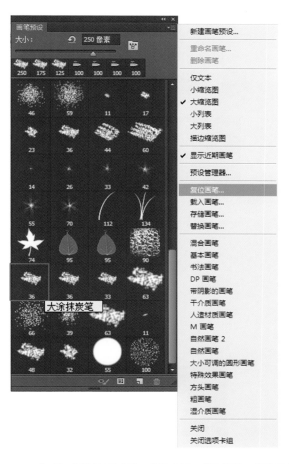

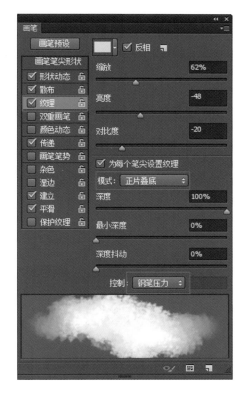

勾选"形状动态""散布""纹理""传递""杂色""平滑"选项。

形状动态：第1、2项的控制选项改为"钢笔压力"。

散布：勾选"两轴"复选项，百分比设为130%，控制选项设为"钢笔压力"，数量设为3。

传递：控制选项设为"钢笔压力"。

原大涂抹炭笔效果：　　　　　　　　　　　设置后大涂抹炭笔效果：

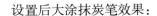

应用效果图：

2.3 笔刷制作

笔刷制作分为图案笔刷和绘图笔刷两种。前者是将现有图案导入PS的画笔，作为印章形式存储，方便设计师使用；后者是将自己绘制的图案存入PS的画笔，再通过调整"画笔"窗口参数，达到绘画质感的笔刷效果。

图案笔刷效果：

绘图笔刷效果：

采集图案笔刷比较容易，比如自己拍的照片，或者购买的授权图片。

首先，我们需要一张清晰的照片，然后勾选出所需的图案，最后执行"编辑—定义画笔预设"命令。

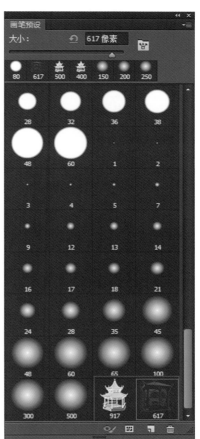

像 PS 自带的"特殊效果笔刷"，大多数就是图案笔刷，效果如下。

2.3.1 松枝笔刷

　　制作绘图笔刷前，必须熟悉 PS 自带的绘图笔刷，因为我们需要用 PS 自带的笔刷或个人设置过的自带笔刷进行笔刷形状的绘制。

　　新建画布，画布大小为 5 厘米 ×5 厘米，这个大小可以根据个人喜好调整，但尽量是正方形。在新建的画布上新建图层，在新建的图层上绘制自己想要的图案。

　　①用之前设置的水墨笔刷画出三种相似但不完全一样的三种松枝图案，每个图案尽量单独设置一个图层。

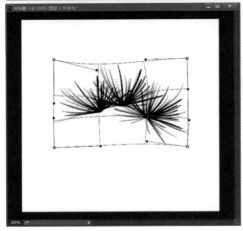

　　②将三种图案叠放到一起排列，按 Ctrl+T 快捷键再单击工具栏的田字格选项 ，进一步调整线条的弯曲度。

③用柔边圆笔刷减淡图案外围，再用模糊工具模糊外围。执行"图像—调整—色阶"命令，将整体调整为灰度，然后执行"编辑—定义画笔预设"命令。

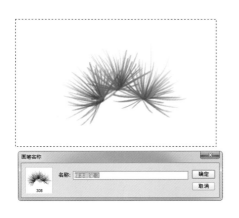

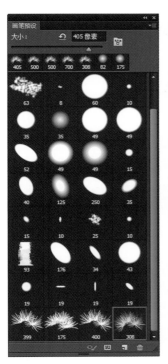

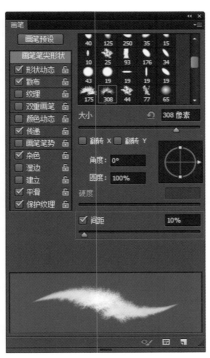

④大家也看到松枝笔刷并不止一个，因为之前调试了多次，但都比较失败。红框里的数据是最后保留的版本，设置方法如左图所示。

勾选"形状动态""散布""纹理""传递""杂色""平滑""保护纹理"，间距设为10%。

散布的百分比设为50%，控制选项设为钢笔压力，数量设为1，数量抖动设为0%。

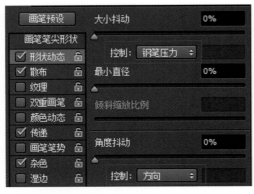

⑤形状动态的大小抖动设为0%，控制选项设为钢笔压力，角度抖动下的控制选项设为方向。

笔刷应用效果：

2.3.2 碎花瓣笔刷

① 随意用圆形画笔在方形画布上点些不规则排列的圆点，然后复制一个图层，把其中一个图层的不透明度降低，合并为一个图层，图案一定要分图层来画。

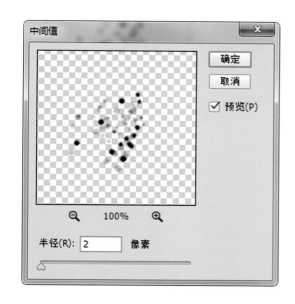

②执行"镜像—杂色—中间值"命令，半径设为2像素。

③勾选"形状动态""散布""颜色动态"（根据情况需要可有可无）"传递""建立""平滑"。画笔笔尖形状的间距设为10%；形状动态的大小抖动设为11%，最小直径设为26%，角度抖动设为95%，最小圆度设为14%。

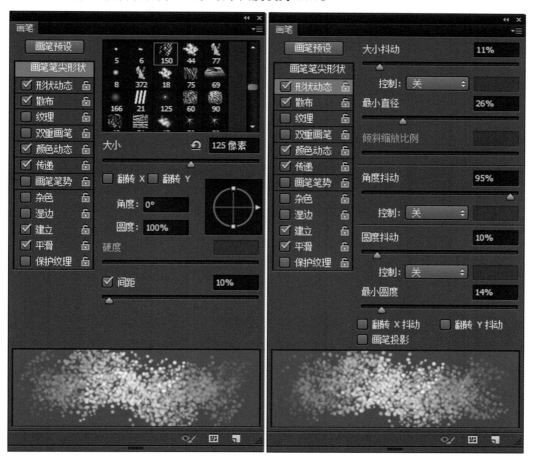

醉美古风：CG 插画角色秘笈·国色佳人

④散布的百分比设为 100%，控制选项设为关。数量设为 1，数量抖动设为 8%，数量抖动下的控制设为钢笔压力。

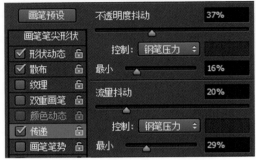

⑤传递的不透明抖动设为 37%，控制选项设为钢笔压力，最小设为 16%；流量抖动设为 20%，设置抖动下的控制选项设为钢笔压力。

笔刷效果图如下。

叁

色彩、构图

3.1 色彩

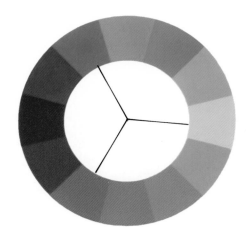

"原色"，红色、黄色、蓝色被称为物理三原色。光源三原色（屏幕的显示颜色）分别是红色、绿色、蓝色，即 RGB。

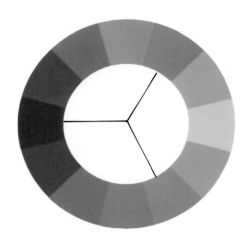

"间色"，是混合相邻的两种颜色而形成的颜色，如：红＋黄＝橙、蓝＋黄＝绿、红＋蓝＝紫。而紫红、蓝绿、蓝紫等，是通过间色的融合形成的，也就是会融合 3 至 4 种颜色。

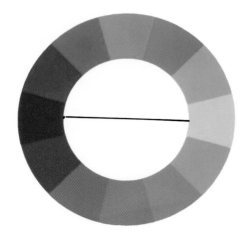

"互补色"，在色轮上间隔 180 度的颜色称为互补色。比如：紫色和黄色，红色和绿色。"相邻色"是在色轮上相邻的 2 至 3 种颜色，比如蓝色和绿色，绿色和黄色，黄色和橙色。

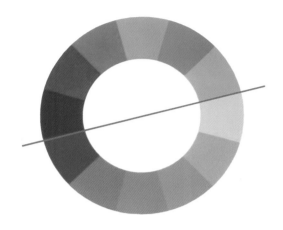

"冷暖色"，以红线为分界线，上半部分是冷色调，下半部分是暖色调。而绿色和紫色因为相邻色的关系，其冷色调和暖色调会有所变动，所以定义为中间色。

"色域警告"，在绘制插画前，可选择色域警告来避免使用印刷不出来的颜色，如高饱和度的颜色。如果是用在网络或游戏等非印刷的用途，则可以不用色域警告。

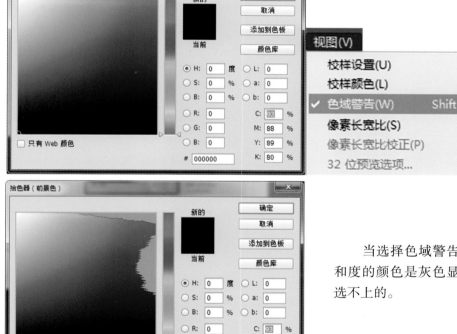

当选择色域警告时，高饱和度的颜色是灰色显示的，是选不上的。

"颜色"，在 PS CC 里新增了"色相立方体"选项，我们再也不用手动点开拾色器了。我们平常使用的滑块模式，一般为 CMYK 滑块和 HSB 滑块。

CMYK 滑块，C（Cyan）表示青色，又称为"天蓝色"或是"湛蓝色"；M(Magenta) 表示品红色，又称为"洋红色"；Y（Yellow）表示黄色；K(Key Plate 或 Black) 表示定位套版色（黑色），如果希望图片颜色清新、干净，可将 K 值调整为 0%。

HSB 滑块，H(Hues) 表示色相，S(Saturation) 表示饱和度，B（Brightness）表示亮度。

"调整颜色"。对于网络中给出的各种配色信息，尽管很好看，可是实用性并不是特别强，还是需要设计师或插画师针对不同要求去做不同的配色。这就需要用到 PS 软件里的"图像—调整—色相／饱和度"命令。

"选择"。选择颜色的方式有很多，最方便的就是将需要调整的颜色设置单独的图层，选中图层即可调整颜色。如果合并为同一图层，调整起来会稍显不便。

①魔棒，魔棒可选取相同的色彩范围，也可在选项栏选中相连的颜色和不相连的颜色。

② "选择—色彩范围"，可选择容差值来决定选择范围的大小。

③ "图像—调整—替换颜色"，可在选择颜色范围的同时调整色相／饱和度。

④ 选区工具，可自定义选择区域。选择好调整的区域，然后复制图层并进行调整，直到选定好颜色再进行合并图层。

图例是个女扮男装的女子，执行"图像—调整—替换颜色"命令。

吸取紫色衣服的中间色，容差值设为164，在选择预览框里，可清晰地看到一个轮廓就可以了，然后调整下方的色相和饱和度，确定好要替换的颜色后，单击"确定"按钮。

注：

黑色和白色是不能通过色相调整颜色的，绝对的黑色和白色，是不容易叠色的。

如下图所示，执行"选择—色彩范围"命令，单击"确定"按钮后，图片上会出现选择区域，然后可通过色阶、色相/饱和度、色彩平衡对颜色进行调整。因为PS的颜色调整功能很强大，所以最初阶段如果选择不好颜色的话，可以先随意选择一种颜色，把衣服"穿"在身上，重点还是画出衣服的结构和衣褶，随后慢慢调整出自己想要的颜色。随着画图数量的增加和经验的积累，在选择颜色上会越来越得心应手。

"暖色调" 如下图所示，主色为橘黄色，暗部饱和度相对低一些，为了突出人物，将人物饱和度设得高一些，但并不是人物的所有颜色都要饱和度高一些，只需要在高光的地方提亮一些颜色。比如，橙色的高光可用亮黄色或柠檬黄色，暗部反光用黄绿色。

　　前景色普遍偏深时，背景色则需要整体淡化、弱化，有些时候需要做模糊处理。如果有镜头感的飞花、飞叶等前景，需要做高斯模糊或动感模糊处理。

衣服色谱

H:52 S:72 B:97

H:39 S:74 B:92

H:30 S:94 B:90

H:52 S:87 B:86

H:69 S:69 B:71

H:32 S:20 B:98

H:34 S:44 B:95

背景色谱

H:31 S:37 B:97

H:38 S:51 B:94

H:48 S:41 B:97

H:18 S:79 B:87

H:15 S:83 B:73

H:20 S:75 B:81

H:21 S:61 B:66

H:17 S:80 B:37

头部色谱

H:47 S:11 B:80

H:18 S:28 B:53

H:7 S:52 B:15

H:15 S:6 B:99

H:11 S:12 B:91

"冷色调" 如下图所示，主色为蓝色，蓝色的暗部可为深蓝色或蓝紫色，饱和度相对较低，亮部为浅蓝色，搭配白色。蓝色和白色的组合是非常干净的，白色、蓝色、紫色的搭配会显得特别单一，所以亮部可渲染一些浅黄色的光。原图中的女子是手拿一个灯笼的，此图中去掉了灯笼，变成手拿一缕头发。

冷色调配浅黄色，整体色调虽不单一，但还是偏冷色的，所以需要在饰品或衣服上点缀一点暖色。总之，不管是以暖色为主还是以冷色为主，都需要彼此作为点缀，图片才会显得好看。

头发颜色

H:22 S:24 B:47

H:17 S:21 B:25

H:228 S:4 B:54

肤色和唇色

H:20 S:6 B:99

H:18 S:20 B:93

H:354 S:24 B:96

H:352 S:67 B:81

衣服颜色

H:204 S:25 B:94

H:220 S:66 B:60

H:220 S:25 B:87

点缀色和亮部光色

H:14 S:67 B:68

H:74 S:4 B:98

色谱虽然列出来了，数值也标明了，但还需要自己调和颜色与颜色之间的过渡，包括需要额外添加一些重色，而色彩的使用比例也需要观察图中的比例。

如果把点缀色用在主色调上，则又是另外一种样子了。所以，有了色谱，还要观察在图中的比例，这点尤为重要。

网络中的色谱特别多，希望大家参考如下图所示的这种色谱。

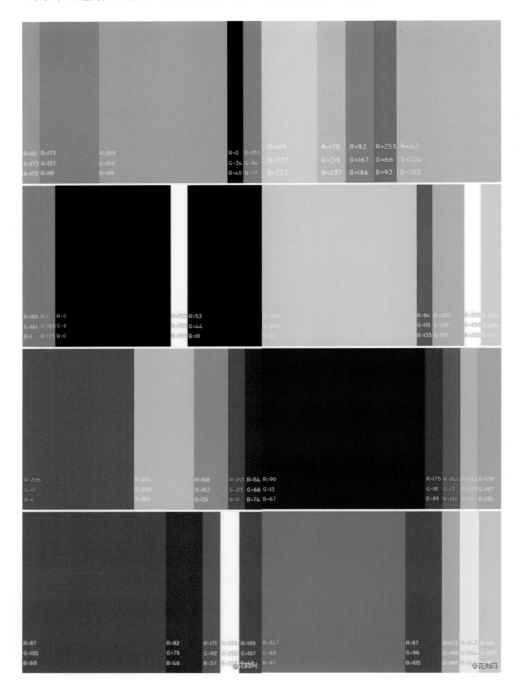

不建议看下图这种只有颜色的搭配，而没有分配比例的色谱。

R: 230	R: 144	R: 70	R: 147	R: 201	R: 178
G: 233	G: 125	G: 79	G: 129	G: 193	G: 216
B: 222	B: 118	B: 94	B: 141	B: 174	B: 219

3.2 构图

三分构图法

　　三分构图法，有时也称作井字构图法，是在绘图中经常使用的构图方法。在这种方法中，需要将场景用两条竖线和两条横线分割，就如同书写中文的"井"字。图中有 4 个交叉点，再将需要表现的重点放置在这 4 个交叉点中的一个即可。

　　主体放在哪个点上就由绘图者决定了，主要考虑主体本身放在哪里合适，或者绘图者打算如何表现绘图思路。

醉美古风：CG 插画角色秘笈 · 国色佳人

在心理学上，当我们看一张图的时候，习惯从左下方开始看，这是由于我们从左往右的阅读习惯导致的。要特别注意，不要把两个同样重要的位置放在画面两侧的黄金分割点上，这样会失去主次，对角线的分割点是个不错的选择。

将画面从水平方向和垂直方向分成三部分时，线条交叉的地方就是一个"黄金分割点"（Golden Mean），或者说是放置焦点的最佳位置。黄金分割定律起源于古希腊，古希腊人认为在布局上存在着一个达到最佳审美效果的平衡位置。经过进一步发展，定义了所谓的"权力点"，两个最好的"权力点"是右上点和右下点，"权力点"被放置在黄金分割定律中线条交叉的地方，被安置在权力点上的主要对象则被称为焦点。

十字形构图

人物的主体重心处在十字形的焦点上，是一条竖线与一条横线的垂直交叉点。它给人以平稳、庄重、严肃感，表现成熟而神秘、健康而向上。十字形构图不宜使横线、竖线等长，一般是竖长横短。十字形构图的场景，并不都是简单的横线、竖线的交叉，相仿于十字形的场景均可选用十字形构图。如正面人像，头与上身可视为竖线，左右肩膀连起来可视为横线；还有建筑物的高与平的结构等。也可以这样讲，凡是在视觉上能组成十字形形象的，均可选用十字形构图，如下图所示。

三角形构图

　　三角形构图是以三个视觉中心作为景物的主要位置，以三点成面来安排景物，形成一个稳定的三角形。这种三角形可以是正三角形，也可以是斜三角形或倒三角形，其中斜三角形较为常用，也较为灵活。三角形构图具有安定、均衡但不失灵活的特点，如下图所示。

醉美古风：CG 插画角色秘笈·国色佳人

圆形构图

圆形构图是把景物安排在画面的中央，圆心是视觉中心。圆形构图看起来就像团结的"团"字，就是在画面的正中央形成一个圆圈。圆形构图没有松散感，但这种构图模式在插画中活力不足，缺乏冲击力。笔者觉得可以多用于画可爱的女孩子或呆萌的 Q 版画中，如下图所示。

圆形构图可以达到发散性的效果，如旋涡中心，或者用于有发散性射线的科幻场景。用于绘制场景时，圆形构图又分为"向心式构图"和"放射性构图"。

S 形构图

S 形构图是基本构图也是经典构图。画面上的人物或景物成 S 形，具有延伸、变化的特点，使画面产生优美、雅致的协调感，如下图所示。

L 形构图

　　L 形构图主要是用线条或色块把主体包围起来，以达到突出主体的效果。如下图中荷叶对人物的包围。

　　另外，还有垂直式构图，如树林、高层建筑群等；平行式构图，如弯曲在地面上的多条河流等，这些多用于场景绘制中。

　　在画面中，往往不会只出现一种构图，比如九宫格的井字形构图，可以配合 S 形构图或三角形构图来同时使用，使画面更具有美感和稳定性。

X 形构图

　　X 形构图又称为对角线构图，是在画面上以一个变形的 X 为基准线进行的构图，如下图所示。

醉美古风：CG 插画角色秘笈·国色佳人

肆

五官

4.1 眉毛的画法

画古代女子的眉毛时需要注意的是：眉毛要细、长；眉心的分开度要大一点点，在脸部的位置不要过高，过高会显得额头窄；眉毛两端需要渐隐，眉峰或与黑眼球垂直对应的地方需要加深。

C:39% M:40% Y:40% K:0%

C:84% M:84% Y:84% K:0%

C:19% M:20% Y:20% K:0%

左图为眉毛吸色的颜色数值对比图，仅供参考，数值可上下浮动，需注意整体饱和度要偏低。

先用 19 号笔刷画一条线，注意颜色要画得实一些，底色不要透过。

用系统自带的"硬边圆压力不透明度"笔刷把眉毛尾端擦出尖角效果。

用"柔边圆压力不透明度"笔刷轻擦眉毛前后两端，使其能透出一点底色。

用 19 号笔刷画出眉毛线条，图中排线画笔的大小为 2 像素。

下图为眉毛排线图。

用加深 / 减淡工具，加深眉毛中间部分，减淡两端部分。

注：

眉毛的颜色不要选择黑色、灰色和白色来调色，带有一点褐色会比较自然。如果是白色的眉毛，暗部饱和度要比较低，多用蓝色或紫色。

4.1.1 眉毛的形状

眉毛分类：

1.标准眉：眉峰要有力度。

2.弧形眉：眉峰不明显。

3.水平眉：眉头和眉梢在同一水平线上。

4.高挑眉：称为上斜眉，也称上扬眉。

以上几种是比较常见的眉形，其他的还有嫦娥眉、双燕眉、黛玉眉、水湾眉等，形式上也有很多种，具体还要看人物设定。

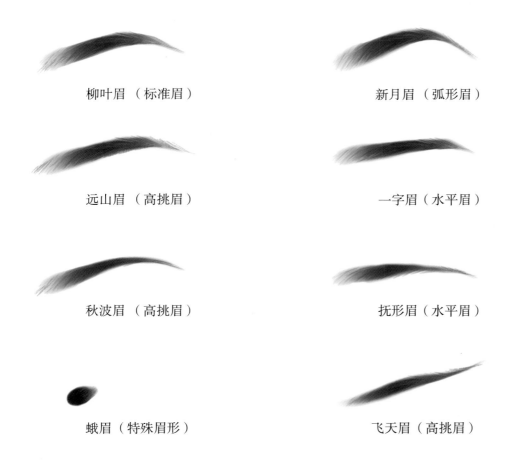

柳叶眉 （标准眉）　　　　　　　　　　新月眉 （弧形眉）

远山眉 （高挑眉）　　　　　　　　　　一字眉（水平眉）

秋波眉 （高挑眉）　　　　　　　　　　抚形眉（水平眉）

蛾眉 （特殊眉形）　　　　　　　　　　飞天眉 （高挑眉）

・身份地位较高或气场强大的女子，眉毛可适当上扬或眉峰处略高（如：飞天眉）。

・千金小姐或性情温婉的少妇，眉毛适合弧度缓和的眉形（如：新月眉、柳叶眉）。

・女侠或性格比较英气的女子，眉毛适合硬朗且弧度小的眉形（如：一字眉）。

・唐朝贞元末年，眉毛首次出现了圆点形（蛾眉），唐代画家周昉的《簪花仕女图》里就有这样的眉形。

4.1.2 不同的眉形变化

同一张脸上，不同的眉形，可改变人物的性格。或温柔或清冷或强势，可以通过眉毛，尤其是眉尾，将这些性格上的变化表现得很好。

而情绪上的变化，更多的是需要改变眼睛、眉头、嘴角的角度和位置来体现。

4.2 眼睛的画法

首先来熟悉眼部，各个部分的名称如下图所示。

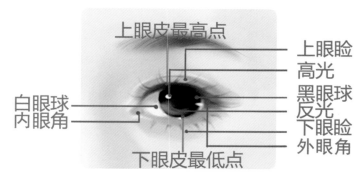

眼球是个球体，大部分被眼皮遮挡，下面我们来看不同角度的眼睛的变化。

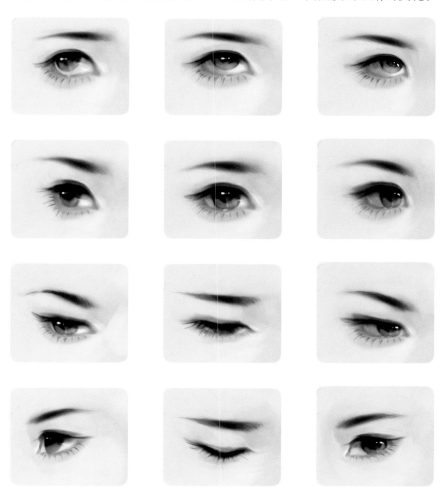

4.2.1 眼睛刻画步骤

① 用19号笔刷画出眉毛和眼球的位置，眉毛颜色比眼球颜色浅一点。肤色为底色，分图层画眼睛，修改起来比较方便。

② 画出下眼线，修理眉毛形状，画出眼白。下眼线颜色比上眼线浅，更接近于肤色暗部。

③ 把眉毛尾端擦尖，画出双眼皮，加深眼皮外的眼角部位。双眼皮需要把笔刷加大，画一个较粗的面。

④ 画出下眼睑，给上眼皮加上阴影。阴影和下眼睑的颜色不要用偏黑的颜色，可以打开拾色器，在原肤色的斜下方选择颜色来加深肤色。

⑤ 吸取眉毛颜色，把上眼线颜色涂浅一些，用同样的颜色给黑眼球加上眼底的反光。然后给黑眼球加上眼底的反光，即上眼皮对眼球的投影。眼白阴影的颜色饱和度要低。

⑥ 对眉毛排细线，将双眼皮中间位置提亮，在黑眼球斜上方加高光，加上睫毛。上眼皮如果不是特别朝上，睫毛可适当减少，古风女子的睫毛可下垂，现代女子的睫毛要上扬。

用19号尖角笔刷画睫毛的时候需注意，睫毛走向为开角，像发散的曲线。

下睫毛间为夹角，临近的两根睫毛多为汇聚状。

眉毛前端的线条要短粗，要将尾端线条延长，画的时候需要注意眉毛的生长方向。

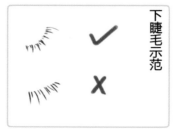

4.2.2 眼角的变化

下图由左到右，通过眼角的上扬，表达了人物强势或愤怒的情绪。

下图由左到右，通过眼角的下调，表达了人物悲伤或委屈的情绪。

4.3 鼻子的画法

下图为鼻子的不同角度。

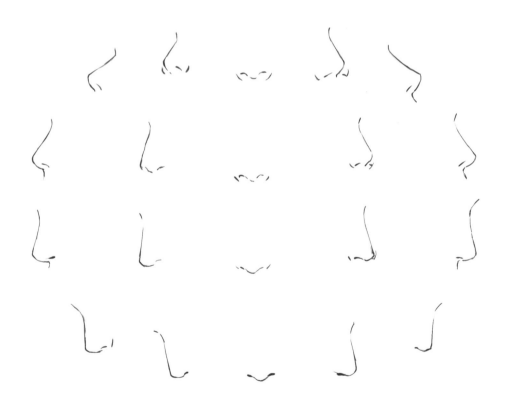

4.3.1 鼻子结构

鼻子形体概况：鼻梁为梯形 ▨，鼻尖为球形 ■，鼻底为梯形 ▨，两个鼻梁为球形 ■。鼻子线稿按照几何形体来起稿，然后逐步细化。鼻孔的位置在绿色梯形中间的位置，注意一定不要画在绿色梯形的上边缘。

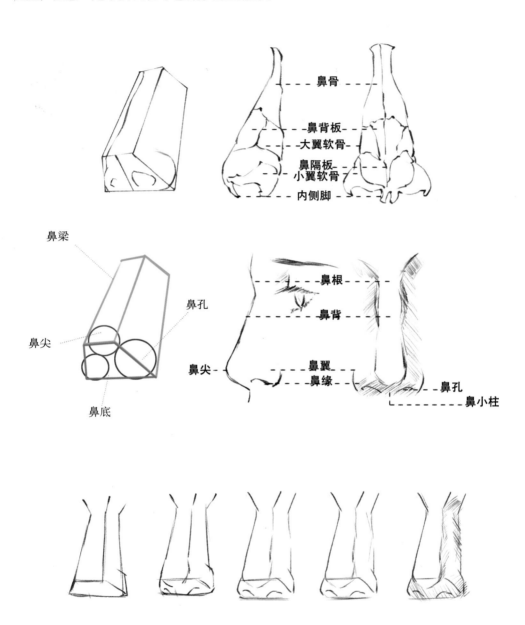

在画鼻子正面的时候，鼻翼两侧的线条不宜过深，我们可以把鼻翼、鼻头理解为球体，但不要画成球体，画出鼻底明显的边缘就好。鼻子上方和侧面要用肤色去画，用两种颜色的对比来突出形体结构。

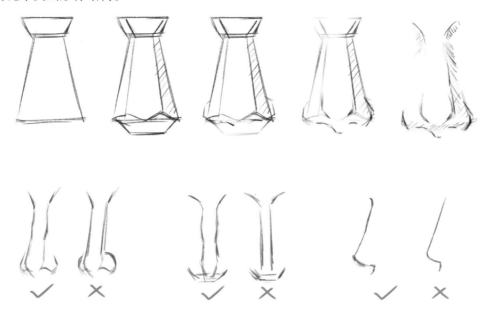

在画鼻子侧面的时候，鼻翼依旧理解为球体，后两个图例按照箭头的方向分别向外和向内侧一些，鼻孔不宜画得过大。

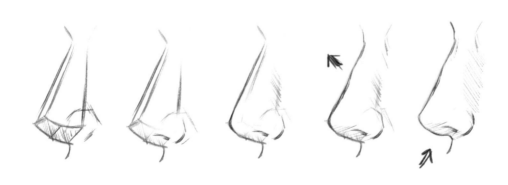

4.3.2 鼻子上色

3/4 侧（画面左侧光源）

用19号笔刷平涂底色（肤色），画出鼻子线条轮廓；给眼窝和鼻底加上阴影；加深阴影，在鼻底内部画出鼻孔的位置；细化鼻子结构，如箭头所指的地方，加上人中处的阴影。

肤色：　C:2% M:7% Y:7% K:0%　　　　鼻底色：　C:7% M:20% Y:18% K:0%

亮部：　C:0% M:2% Y:2% K:0%　　　　暗部：　C:12% M:22% Y:22% K:0%

3/4 侧（画面右侧光源）

用19号笔刷平涂底色（肤色），画出鼻子线条轮廓；在线条左侧涂上阴影；加深鼻底和眼窝处的颜色，在鼻底画出鼻孔位置；细化鼻子结构，如箭头所指的地方；需要用19号扁笔刷加强肤色对比，加上人中处的阴影。

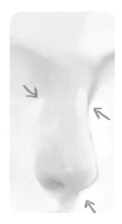

肤色：　C:2%　M:7% Y:7% K:0%　　　鼻底色：　C:8% M:26% Y:22% K:0%

亮部：　C:0% M:2% Y:2% K:0%　　　　暗　部：　C:6% M:17% Y:17% K:1%

正面

用19号笔刷平涂底色（肤色），并以鼻梁为分界线，画出暗部和鼻底色；将亮部提亮，画出鼻孔位置，在鼻小柱底部加反光；提亮鼻梁部分，注意用柔边圆笔刷，比如柔边圆压力不透明度(PS系统自带)，然后进一步加深鼻底色，提亮鼻底亮部；在鼻孔描线，用19号扁笔刷把鼻翼轮廓画清晰。

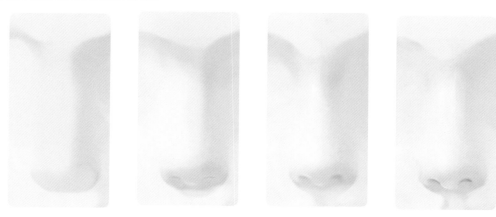

注： 鼻翼两侧上色后不要画线，尽量用肤色对比，突出鼻子结构。

侧面

先画出侧面轮廓，用19号笔刷平涂底色（肤色），画出鼻底阴影，侧面鼻底阴影为有点圆润的三角形；画出鼻孔位置；从鼻梁处往旁边过渡亮部，使亮部过渡柔和，不要有明显笔触；用19号扁笔刷刻画鼻翼部分，使鼻翼边缘轮廓清晰。鼻孔用比肤色深一点的颜色，不要用黑色或褐色，尽量选择中等饱和度的颜色。

注： 鼻翼的皮肤比较薄，阳光强烈的时候，暗部会略带中等饱和度的橙红色。暗部不要用明度去调，饱和度可适当提高。

醉美古风：CG插画角色秘笈·国色佳人

鼻孔

鼻翼

注:

鼻孔线条不要画成一个圈，
可画成一个倒过来的顿号。
鼻翼上色时，底边和侧面画
清晰，不要整个鼻翼都清晰。

① 画出鼻孔位置

② 在鼻孔处加上阴影

③ 选择比鼻底浅一些的
颜色沿鼻底向上过渡

④ 给鼻头加高光

⑤ 使用加深工具，选择
柔边圆压力不透明度
笔刷，加深鼻底

⑥ 沿鼻孔边缘加反
光线

4.4 唇部的画法

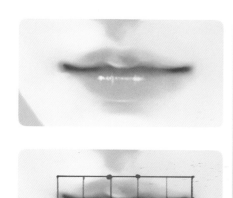

 注：

画唇的时候，上唇要比下唇薄。唇边缘线不要画得过深，上下唇与皮肤交界的边缘需柔化；唇中线选择饱和度高的颜色来画；下唇高光处选择下唇偏上的位置；上唇底部略有反光。

唇峰的位置在3/5处，1/5和5/5处为唇和肤色融合区域。唇会随着脸部的转折而有角度变化，角度会沿着弧线变化，如下图所示。

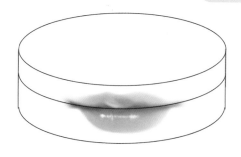

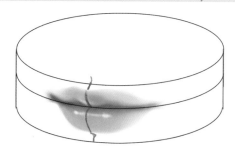

唇各部分结构名称如下。

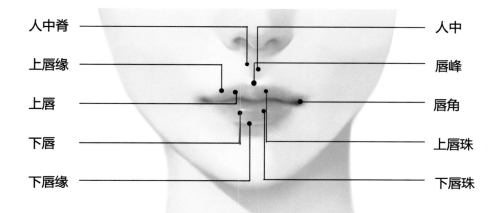

人中脊　　　　　　　　　　　　　　　　　人中

上唇缘　　　　　　　　　　　　　　　　　唇峰

上唇　　　　　　　　　　　　　　　　　　唇角

下唇　　　　　　　　　　　　　　　　　　上唇珠

下唇缘　　　　　　　　　　　　　　　　　下唇珠

4.4.1 唇部刻画

3/4 侧

　　①用 19 号笔刷画一条唇线，选色如图片下方对应的色轮，笔者平时习惯使用 CMYK 颜色模式。色轮是 PS 的插件，可在网上搜索"PS 色轮插件"并下载安装。

　　②在色轮右边缘吸色，选择颜色较浅的粉红色平涂，上唇厚度要比下唇薄。

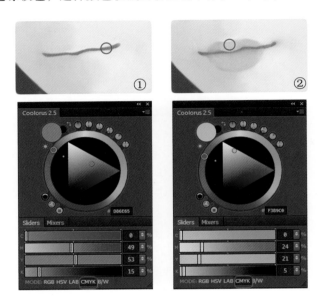

　　③将下唇颜色和嘴角颜色加深。

　　④用柔边圆压力不透明度笔刷在上唇和下唇交界处画出阴影，阴影的厚度比上唇略薄。再用柔边圆压力不透明度（系统自带）笔刷晕染唇角，使唇角与皮肤过渡更加自然。

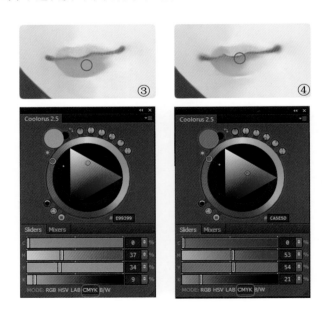

⑤用19号笔刷吸取暗部肤色，在色轮里斜下方一点处吸取颜色，画出下唇阴影。为了使19号笔刷的融合度更高，可适当降低笔刷硬度。

⑥用19号尖角笔刷吸取浅色或偏白的颜色，将上唇底边、唇峰、下唇边缘这些地方提亮。下唇高光点在上唇对下唇的投影附近。

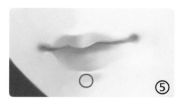

完稿

注：

如果是古代妆容，可酌情减少下唇处的高光，或者不画。不要给唇的上下边缘描唇线，应该使边缘柔和过渡，不要把边缘画得过于清晰，一般来说，唇中间部分清晰一点就好。

正面

①用19号笔刷画一条直线，选色见下图的色轮。

醉美古风：CG 插画角色秘笈·国色佳人

②将唇线中间部分涂成红色，选色见下图所示的色轮。

③平涂上下唇颜色，注意上唇要比下唇薄一点。

④吸取浅棕色，用柔边圆压力不透明度笔刷晕染嘴角。

⑤用加深工具选择柔边圆压力不透明度笔刷，加深唇中线附近，强化阴影部分。吸取皮肤阴影的颜色，画出下唇阴影。皮肤阴影应在拾色器中选择当前皮肤斜下方一点的颜色。

⑥吸取偏白的颜色，选色见下图右边的色轮，用 19 号尖角笔刷在下唇偏上位置点出高光。用 19 号扁笔刷吸取肤色，清晰地画出上唇和人中处边缘以及下唇的反光。吸取比肤色亮一点的颜色，提亮嘴角。

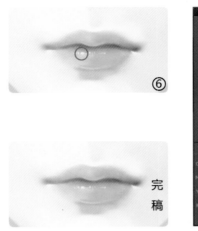

正面微张

①用 19 号笔刷画出一条唇线，选色见图下所示的色轮。

②吸取色轮中的颜色，画出牙齿的颜色。注意牙齿的颜色不是纯白色，会有一点偏暗的浅橘色。不过，牙齿的颜色还受环境色和整体色调的影响，需根据图片的色调随时调整。基本色调可按着图片中的配色画。

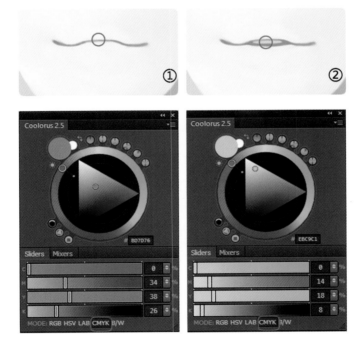

③平涂唇色。注意微张的唇，上唇要比平常的更薄一些，选色见下图所示的色轮。

④吸取深红色，画出上唇投影，然后用柔边圆压力不透明度笔刷柔化嘴角，牙齿的下边缘画成弧形。

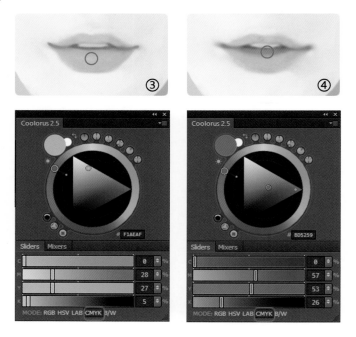

⑤用 19 号柔边圆笔刷（硬度调整为 50% 即可）加深下唇两侧。

⑥用 19 号笔刷加深两侧嘴角，中间分出两颗牙齿。提亮下唇反光线。牙齿的颜色不要用黑色去画，过渡也不要用灰度过渡，可吸取唇角颜色，用棕红色画，饱和度要低。

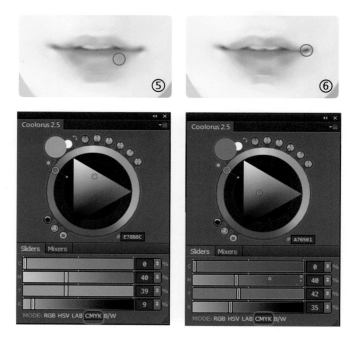

⑦吸取偏白的颜色，选色见下图所示的色轮，用 19 号尖角笔刷在下唇偏上位置点出高光。用 19 号扁笔刷画出人中，提亮人中反光处。吸取高光处的颜色，提亮嘴角。

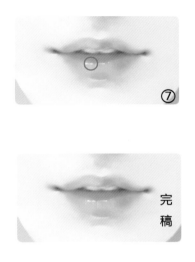

侧面

①用 19 号笔刷画出一条唇线，选色见下图所示的色轮。

②平涂上下唇颜色。 侧面的下唇上边缘线略微凸起，不要画平或凹下去。

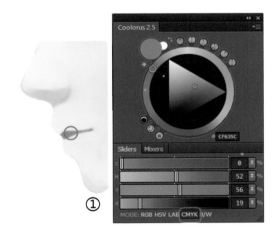 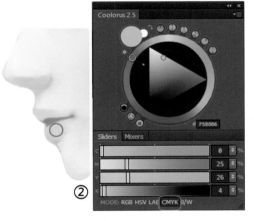

③用加深工具加深下唇前端的颜色，唇角还是用渐隐的方式，和肤色的融合度调高一点，用柔边圆笔刷吸取肤色，逆向往唇上轻涂。

④吸取牙齿的颜色（见下图色轮的配色）画出牙齿，牙齿画在唇中线偏后一点的地方，前方留一点中线底色。

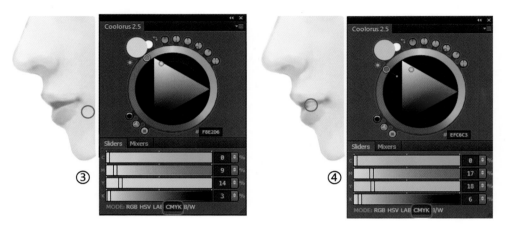

⑤用19号扁笔刷清晰地画出唇的上、下边缘。用浅白色画出唇高光，高光位置在下唇偏上位置。上唇颜色偏浅，会显得唇色水嫩一些。

完稿

衍生唇妆如下图所示。

不同朝代的衍生唇妆。

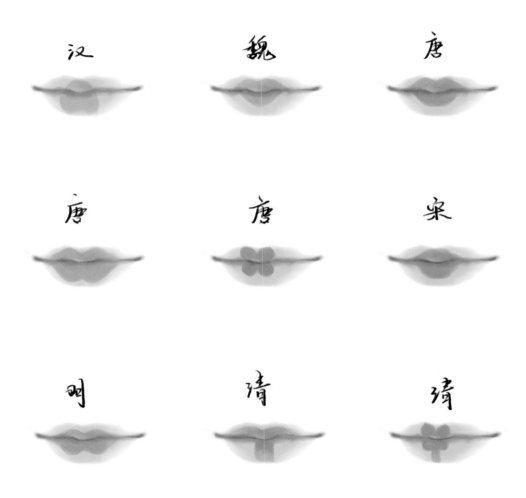

4.5 耳朵的画法

耳朵是由耳轮、耳丘、耳屏、对耳屏、耳垂以及它们之间的耳谷和三角窝等构成的。

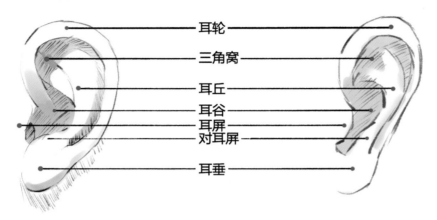

4.5.1 耳朵起稿

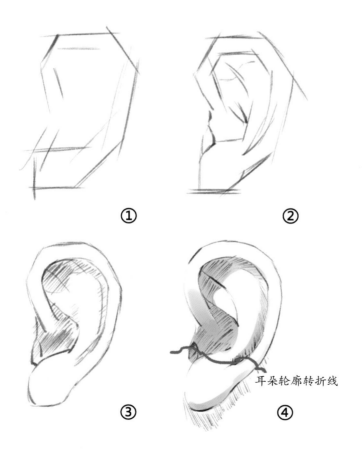

耳朵轮廓转折线

① 先画出耳朵外轮廓线，形状像英文字母C。

② 画出耳朵内部结构线，耳朵内侧由一C和Y字形轮廓组成。

③ 通过耳朵内部结构线，绘制出耳朵的明暗关系。

④ 添加阴影区，注意加强体积感。

4.5.2 耳朵上色

①用之前画好的底稿，将图层属性调整为正片叠底，放在最上层。

②平涂耳朵底色，颜色数值如下：C:0%，M:12%，Y:16%，K:5%。

③合并底色和上层线稿，在阴影部分上色，颜色数值如下：C:0%，M:23%，Y：31%，K：15%。

④提亮耳朵亮部，颜色数值如下：C 0%；M 4%；Y 6%；K 2%。

⑤用加深工具加深耳朵窝。

⑥新建图层，选择正片叠底模式，选择颜色如下：C:0%，M:9%，Y:3%，K:16。在阴影部分轻涂，使暗部饱和度降低。

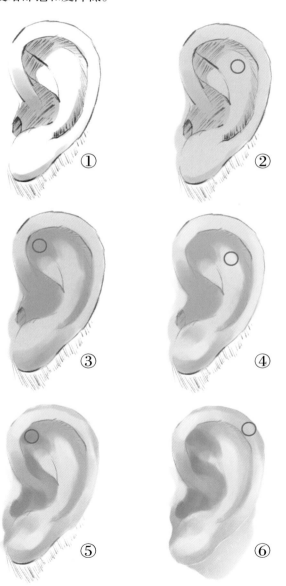

伍

发型

5.1 刘海

刘海亦称作刘海儿、刘海儿发。相传有一位唐代的仙童名叫刘海(见安徽《凤阳府志》)，人们把垂在前额整齐的短发称为"刘海"。

5.1.1 齐刘海

齐刘海多是可爱的、年龄偏小的女孩特征，又分为空气刘海和厚刘海。

齐刘海画法

①用19号笔刷在刘海的位置平涂，形状类似半圆形。

②用橡皮擦工具（柔边圆笔刷）把刘海下面擦薄，边缘成模糊状。

③用19号笔刷吸取比底色浅一点的颜色，硬度略微调低（60%~80%），画出高光。

④吸取头发底色，用19号笔刷在刚刚画出的高光的位置上下加深，仅留中间一些高光。

⑤缩小19号笔刷，4~6像素即可，不要用特别细的1像素笔刷，然后画出发丝亮线。

⑥将刘海边缘与原本头发过渡，画出刘海下面的碎发。

⑦过渡刘海的上边缘。

⑧继续过渡左右边缘的头发，画出发丝，然后用加深和减淡工具（选择柔边圆笔刷）加深头发暗部，提亮头发亮部。

特别提示：

头发不要用黑色来画，亮部也不要用明度去调。参考右图中的颜色色谱。

平涂底色
H:4　S:21　B:15

亮色
H:344　S:15　B:32

发丝亮线色
H:19　S:12　B:54

碎发齐刘海改成平刘海

①用橡皮擦工具（将硬边圆笔刷的硬度降低）擦平刘海，不用特别剪齐成一字型。

②在刘海下边缘画出细线，线条到下边缘有一点顿笔，效果如下图所示。

5.1.2 空气刘海

空气刘海是现代人的一种说法，用于古代女子就是薄刘海，可以透出额头肤色。

①用橡皮擦工具（柔边圆笔刷）把原本的刘海擦薄。

②用 19 号笔刷画出发丝。发丝的颜色不要选择那么重的平涂的底色，选择比底色轻一点的棕色即可，效果如下图所示。

5.1.3 斜刘海

①用橡皮擦工具（柔边圆笔刷）把原本的刘海擦薄。

②擦出斜刘海。

③用 19 号笔刷画出斜刘海，注意要上深下浅。

④吸取浅色，画出高光部分（笔刷不变）。

⑤画出细线，用深色细线描画斜刘海边缘，高光处用比高光颜色浅一点的颜色描画。

⑥用橡皮擦工具（柔边圆笔刷）轻擦斜刘海边缘，一般来说，发丝的边缘颜色都会浅一点，透出下面的肤色。

5.1.4 无刘海

无刘海可用于年龄稍微偏大一点的女子。

①用 19 号笔刷平涂底色，然后用浅色画出高光位置。画高光的时候需要用大笔刷，不要点点地描画。

②笔刷不变，过渡底色和高光，这一步需要细致刻画，画布放大到 100%。

③笔刷不变，进一步画出高光处的亮发丝，注意头发与皮肤的交界处需要过渡处理，不要把发际线画成实线。如果边缘比较实，可用柔边圆笔刷吸取肤色，过渡一下发际线边缘，比如左图就是边缘略实。

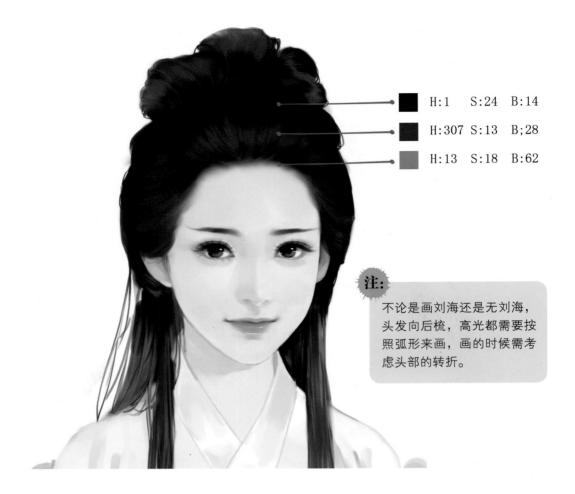

H:1　　S:24　B:14

H:307 S:13　B:28

H:13　S:18　B:62

注:

不论是画刘海还是无刘海，头发向后梳，高光都需要按照弧形来画，画的时候需考虑头部的转折。

5.2 发髻

　　发髻是将头发归拢在一起，在头顶、头侧或脑后盘绕成髻。

　　发型与冠带能增加女子仪容的俊美感，又能体现出女子的年龄与身份特点。古代女子的发型变化，基本上是按梳、绾、鬟、结、盘、叠、鬓等变化而成的，再饰以各种簪、钗、步摇、珠花等首饰，因此研究女子发型主要是探讨其梳编形式与规律。据古代作品及文献记载，发髻主要分为拧旋式、结鬟式、盘叠式、结椎式、反绾式、双挂式六类发髻。文献参考资料：《妆台记》《中华古今注》。

5.2.1 拧旋式

　　拧旋式梳编法是将头发分为几股，似拧麻花般把头发盘曲扭转，盘结于头顶或两侧。拧旋式包括随云髻、凌虚髻、朝云近香髻、回心髻、灵蛇髻。

随云髻（多用于仕女）

　　颜色仅供参考，数值不用严格要求，效果如下图所示。

H:359 S:98 B:90

H:345 S:17 B:26

H:316 S:15 B:39

H:358 S:23 B:15

H:307 S:13 B:28

H:10　S:21　B:44

人物

发髻

下层头发

画发髻前，先把头发分为三个图层：主体头发，发髻部分，垂下来的头发部分。然后吸取已经画好的头发颜色（见头发主体部分颜色参考），这并不是为了省事，而是头发的颜色要尽量保持一致，不要用过多的颜色，会显得乱。先定义好主光源、背景和首饰的反光，细节可后期画完，再添加。

① 用 19 号笔刷（硬度为 50%~80%）平涂，画出随云髻的基本形状。

②笔刷不变，根据光源用浅色画出头发亮部。用橡皮擦工具选择硬边圆笔刷，把发髻上边缘擦实。

③笔刷不变，调小 19 号笔刷，画出浅色发丝。我们不仅需要在头发内部画出发丝，还要在头发框外延伸出几条发丝。

④笔刷不变，用比浅色更亮的颜色提亮亮部和头发底部反光位置，完善边缘。

凌虚髻（多为仕女发式）

① 用 19 号笔刷（硬度为 50%~80%）平涂，画出凌虚髻的基本形状。

②笔刷不变，根据光源用浅色画出头发亮部。注意头发转折虽然在同一股头发里，但是发丝的转折走向是扩散状的，而不是同一个走向的，需要画出头发扭动的感觉。

③笔刷不变，调小19号笔刷，画出发丝，吸取头发亮部颜色，然后用加深工具加深头发暗部。

④笔刷不变，用比浅色更亮的颜色提亮亮部的头发发丝，在边缘画出一点多出去的发丝。

应用到人物上需要做一点变形，为了做出整体的前后扭动感，需要将发髻挡住一部分头部（如下图方框处）。

朝云近香髻（古代妇女或仙女的发式）

① 用 19 号笔刷（硬度为 50%~80%）平涂，画出朝云近香鬟的基本形状。这种发型并不需要全都一样，就是头发盘在头顶，多几层层叠的感觉。画者可随自己喜好，画出头发的层叠扭动感。

②笔刷不变，根据光源，用浅色画出头发亮部，注意头发底部会有一点反光。在没有环境色的前提下，可先画头发亮部颜色。

③笔刷不变，调小 19 号笔刷，吸取亮部颜色，画出发丝，然后完善外形。此时需要根据经验或喜好，在外轮廓上做得更优美一些。

④笔刷不变，用比亮部更亮的颜色提亮高光处，然后用橡皮擦工具（硬边圆笔刷）把上边缘擦实。

⑤ 按 Ctrl+T 快捷键，调出调整框，水平翻转发髻，然后单击选项栏的田字格，扭动发髻，使发髻在头上的位置的视觉效果更加舒服。

⑥ 用橡皮擦工具（硬边圆笔刷）擦实发髻上边缘。

醉美古风：CG 插画角色秘笈·国色佳人

该发髻应用到人物上，如果颜色与已经画好的头发有偏差，可单独调整，这就需要发髻和其他位置的头发是分层的。执行"图像—调整—色彩平衡"命令，拖动滑块或直接调整数值。

回心髻

① 用 19 号笔刷（硬度为 50%~80%）平涂，画出回心髻的基本形状。

②笔刷不变，根据光源画出暗部。因为回心髻需在头部上层来画，所以平涂时，颜色会选择浅色平涂，所以本步骤需要加深暗部。

③用加深和减淡工具（柔边圆笔刷）加深暗部，提亮亮部，使发髻明暗对比强烈。

④用19号笔刷吸取比浅色更浅的颜色，画出亮部发丝。吸取颜色的时候，需吸取本色后，打开拾色器再选择浅一些的颜色，不要直接选择颜色。如果颜色与底色的饱和度有偏差，头发会显得花乱。

⑤笔刷不变，进一步细化。提亮亮部，加深暗部，多加一些发丝在亮部，暗部可相应简化，使画面有虚实变化。

醉美古风：CG插画角色秘发·国色佳人

该发髻应用到人物上，放在头部上层，发髻底部的头发需做加深处理，用以衬托发髻。

灵蛇髻

该发髻为曹魏文帝之妻甄后所创，多用于宫廷或仙、侠、妖类型的女子。

① 用 19 号笔刷（硬度为 50%~80%）平涂，画出灵蛇髻的基本形状。

注：
灵蛇髻不只有一种形状，只要使发髻看起来灵动，盘起来的头发每一缕比较细，有蛇相似的形态即可。

②笔刷不变，根据光源画出亮部，亮部光感需画出转折，灵蛇髻整体位于头部后方。

③笔刷不变，吸取浅色画出发丝。在头发边缘画出多出的发丝，用橡皮擦工具（硬边圆笔刷）擦实发髻上边缘。

④ 用加深和减淡工具（柔边圆笔刷）加深暗部，提亮亮部。

⑤ 用 19 号笔刷（硬度 80%）画出不平行于发髻主体的凌乱发丝，打破外轮廓，使发髻具有灵动感。

该发髻应用到人物上，置于人物图层下方，基本不用调整形态。灵动扭转的发型，对于衬托人物非常实用，适用范围颇广。

5.2.2　结鬟式

结鬟式梳编法是先把头发拢结于顶，然后分股用丝绳系结，弯曲成鬟，托以支柱，高耸在头顶或两侧，有巍峨瞻望之状，再饰以各种金钗珠宝，高贵华丽。

一般有高鬟、双鬟、平鬟、垂鬟等几种形式，而这些形式又可组合变化出更多丰富多样的发髻。

凌云髻：多用于贵族或皇室女子发式，头部上方偏后位置有一个环，高耸。

飞仙髻：多用于仙女和未出室少女发式，头部上方偏后位置有两个环，高耸。

飞天髻（紒）：多是民间妇人发式，配以丝绦缚住，头部上方偏后位置有三个环，高耸。

垂鬟分肖髻：多是未出室少女发式，头部上方偏后位置有两个环，自然下垂。

凌云髻

飞天髻（紒）

飞仙髻

垂鬟分肖髻

麻花辫画法：

① 用 19 号笔刷画一条实线。

② 笔刷不变，选择浅一点颜色，画交叉线。

③ 用橡皮擦工具（硬边圆笔刷）将外轮廓擦出凹凸感。

④ 用 19 号笔刷补出麻花辫外轮廓的圆润感。

⑤笔刷不变，画出每股麻花辫的暗部。

⑥笔刷不变，用细线画出亮部发丝。

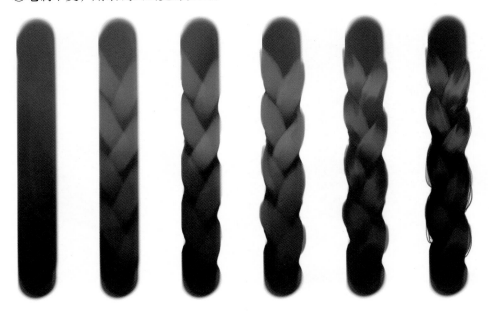

本页头发颜色参考：

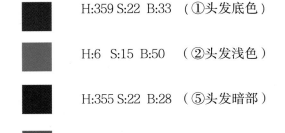

H:359 S:22 B:33 （①头发底色）

H:6 S:15 B:50 （②头发浅色）

H:355 S:22 B:28 （⑤头发暗部）

H:357 S:14 B:42 （⑥发丝亮色）

5.2.2 盘叠式

盘叠式梳编法是将头发分股系结拢起，再盘叠在头顶或两侧，称为"螺髻"。流行于唐代，多为有身份地位的女子所好的发式，一般有单螺、双螺、盘百合髻、盘桓髻等形式。

单螺髻：将发股集结，如螺丝般盘叠于头顶上。

双螺髻：将发分为两大股，盘结双叠于两顶角，亦名"双角"。

百合髻：将发分股盘结，合叠于头顶。

盘桓髻：将发盘曲交卷，盘叠于头顶上，稳而不走落。

单螺髻

双螺髻

醉美古风：CG插画角色秘笈·国色佳人

119

百合髻

盘桓髻

此类发髻重点在于扭的动态，头发都是以缠绕的形式盘起的，所有的线条弧度都比较大，不要画成直线。

绘画步骤依旧是平涂，画出亮部，提亮发丝。

5.2.3 结椎式

结椎式发髻是古代汉族妇女的发式之一。结椎式梳编法是将发拢结在头顶、头前、头后或两侧，然后用丝绳束缚，盘卷成一椎、二椎或三椎，用簪固定住，耸竖于头上，有高椎髻、抛家髻、倾髻、堕马髻。

高椎髻：将发拢结于顶，挽成单椎，耸立于头顶，多用于贵妇。

抛家髻：在头顶挽椎成髻，两鬓缓长，以泽胶贴并抱面，多用于仕女，仍在京剧旦角中使用。

倾髻：将发分股结椎，倾斜结束于头前或头侧，在仕女画中颇为多见，多用于公主或仕女。

堕马髻：将发拢结，挽结成大椎，在椎中处结丝绳，状如马肚，堕于头侧或脑后，多用于古代妇女，也称倭堕髻。

高椎髻

抛家髻

倾髻　　堕马髻

　　一般发髻图层是在头发图层的下面，但是也有例外，如上图倾髻，会有一部分挡住头发图层，形成遮挡。这样会使发型更加立体、灵动。

　　工具：19号笔刷，加深和减淡工具（柔边圆压力不透明度笔刷），橡皮擦工具（硬边圆或柔边圆笔刷）。

　　绘画步骤：平涂，用浅色提亮亮部，添加发丝，加深暗部，找光感。

5.2.4 反绾式

反绾式发髻是古代汉族妇女的发式之一，其梳编法是将发拢住，往后拢结于顶，再反绾成各种形式，如绾成双刀，称为"翻刀髻"。 一般包括双刀髻、惊鹄髻、朝天髻、元宝髻。

双刀髻：又称刀形双翻髻，是将发往上拢结于顶，再反绾成双刀欲展之势。多用于妇女发式，流行于初唐宫中，后传于贵族妇女中，士庶女子少见，是形状似刀形的高髻。

惊鹄髻：其为一种双高髻，是将发拢上反绾，成惊鸟双翼欲展之势，生动而有趣。据传此髻始于魏文帝宫中，后传入士庶间，到了唐代，风靡于长安城中。

朝天髻：属于高髻式的一种，后蜀时就有妇女将发梳为朝天髻，宋代更流行于汉族民间。其梳编法是将发拢上，束结于顶，再反绾成高髻朝天。

元宝髻：其梳编法是将发拢结于顶，再置木或将假发笼蔽，呈元宝状，多用于古代妇女发式。

双刀髻　　惊鹄髻

朝天髻　元宝髻

工具：19 号笔刷，加深和减淡工具（柔边圆压力不透明度笔刷），橡皮擦工具（硬边圆或柔边圆笔刷）。

绘画步骤：平涂，用浅色提亮亮部，用橡皮擦工具修饰发髻边缘，添加发丝，加深暗部，找光感。

5.2.5 双挂式

双挂式是将发顶平分两大股，梳结成对称的髻或环，相对垂挂于两侧。这种发式多用于宫廷侍女、丫鬟、侍婢或未成年的少女。一般包括双丫髻、垂挂髻、双平髻。

双丫髻是双挂式中最常见的发式，是将发平分两侧，再梳结成髻，置于头顶两侧。前额多饰有垂发，俗称刘海，一般多用于侍婢、丫鬟。

双丫髻

垂挂髻是将发平分并梳于头顶，再垂下环状发丝到耳垂位置，多用婢女或丫鬟。

垂挂髻

双平髻多用于宫廷侍女、丫鬟、侍婢或未成年的少女，是将发顶平分成两大股，梳结成对称的髻或环，相对垂挂于两侧。

双平髻

5.2.6 丱发

　　丱发为儿童或未婚少女的发式，是将发平分成两股，对称系结成两大椎，分置于头顶两侧，并在髻中引出一小绺头发，其他头发自然垂下，如下图所示（石悦安鑫已授权）。

丱发

双马尾也是古代孩童的一种发型。

醉美古风：CG 插画角色秘笈·国色佳人

5.2.7 挑心髻

挑心髻是中国明代妇女的一种发式。明初，中国妇女的发式基本上保持了宋元时的形式。明代嘉靖以后，中国妇女喜欢将发髻梳成扁圆形状，并在发髻顶部饰以宝石制成的花朵，时称"挑心髻"。如右图所示，将固定的发式形状安放在头顶，图片来源于网络资料。

5.2.8 十字髻

十字髻是因其发髻呈"十"字形而得名的一种发式。先将头发盘成一个"十"字形，再将余发在头的两侧各盘一髻直垂至肩，用簪、钗固定即可。其流行于魏晋南北朝时期，魏晋之后各朝均很少见。

5.2.9 清朝发式

清入关前，辫长盘髻；清初，两把头；清中期，高髻，如模仿满族宫女发式，将头发均分为两把，称为"叉子头"，在脑后垂下一绺发尾，修剪成两个尖角，称为"燕尾"此后流行平头，称为"平三套"或"苏周撅"；清晚期，一字头。

辫长盘髻：为了行动快捷，便于骑射，满族男女都有辫长盘髻的习惯。即将头发集于头顶编成长辫，盘一个"圆髻"。

高髻：以假发掺和衬垫梳理而成，如乾隆年间流行的"牡丹头""荷花头""钵盂头"，皆属此类。脑后头发梳理成扁平的三层盘状，并以钗或簪固定，髻后做燕尾状。清朝末期逐渐淘汰此类发式。

大翅拉：又名"旗髻"，是清代满族女子最具特色的发式，多用于清代贵妇发式。

冠子、纂：清代老年妇女多在髻上加罩一张硬纸或黑色绸缎而制成的饰物，绣以吉祥纹样、寿字等，用簪扦于髻上。中年妇女则多用鬃麻编成，再裱以绸缎的"纂"，然后饰以鲜花或绢花等，更显华美之色。"纂"形如鞋帮，仅有二壁，以后又演变为不直接用纂，称之为"真纂"，实际上就是在头上盘"一元髻"。

辫长盘髻　　　　　　两把头

醉美古风：CG插画角色秘笈·国色佳人

131

高髻

一字头

圆髻

叉子头

大翅拉　　　　　　　　冠子、纂

　　清代女子发式在画法上相对简单，难点在于头饰的绘制，清代女子往往会在发髻上装饰特别多的饰品，如金属饰品、簪、钗、玉石、流苏等，还包括一些点翠饰品。饰品是清代发式的重点，下文会详细介绍饰品的画法。

陆

配
饰

6.1 头花

头花是古装女子最常见的饰品之一，从簪发展而来，由花头和针梃两部分组成。可搭配金、银、玉、丝绸之类的众多材质使用。

①用铅笔笔刷画出头花的外轮廓。

②用硬边圆笔刷，选择白色，然后平涂底色。

③锁定图层，用 19 号笔刷画出头花的阴影部分，将线稿图层改为浅蓝色，与花的边缘更加契合。

注：

白色系一般使用饱和度低的蓝色或紫色作为其暗部的颜色，暗部选色范围如下图所示。

6.2 齐胸襦裙的带子

　　齐胸襦裙是隋唐五代时期的裙子，是在之前的齐腰襦裙的基础上，将腰带束得更高，在一些服装史上多称之为高腰襦裙，根据现在人们对它的考证，一般称为齐胸襦裙。这类裙子只在胸部扎带子做造型，其他自然下垂，衣服可印染或刺绣暗纹、花纹。

①用铅笔笔刷画出衣饰的线稿。

②用 19 号笔刷平涂底色，然后锁定图层，给底色加上阴影。

③将 19 号笔刷的硬度设为 70% 左右，画出饰品细节，然后隐藏线稿。

注： 因为衣服底色较深，就可以适当隐藏线稿。如果衣服底色浅，则需保留线稿。

6.3 组合头饰

头饰通常不会单一出现，有冷暖搭配，有纯色搭配。一般衣服素雅的话，可采用冷暖+对比色搭配，提升亮点。将纯色搭配时更需要注意光影变化来突出层次，可多与白色组合。

① 用19号扁笔刷画出头花轮廓，选色参考下面的颜色色值，在拾色器底部查看色值。

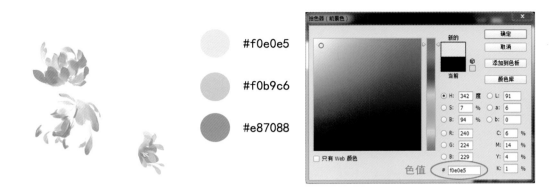

#f0e0e5

#f0b9c6

#e87088

② 在此图层下新建图层，用深色填充头花留白处，笔刷为19号扁笔刷。

#bf5164

③ 将①和②中的两个图层合并，快捷键为Ctrl+E。

④ 为了配合头花的设计，这里发簪设定为树枝形状。

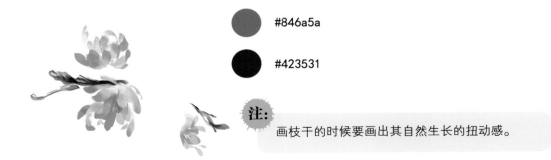

#846a5a

#423531

注：
画枝干的时候要画出其自然生长的扭动感。

⑤ 给头饰缠绕些飘带，可增加整体画面的飘逸感，使用 19 号扁笔刷，笔刷大小可按飘带的宽度设定，下笔力度要轻，这样笔刷自带的透明效果会透出底色。

#a8c8c7

#cfe3e2

特别提示：

飘带飘动的方向不要呈平行方向，无规则的飘动方向会更加自然顺畅。

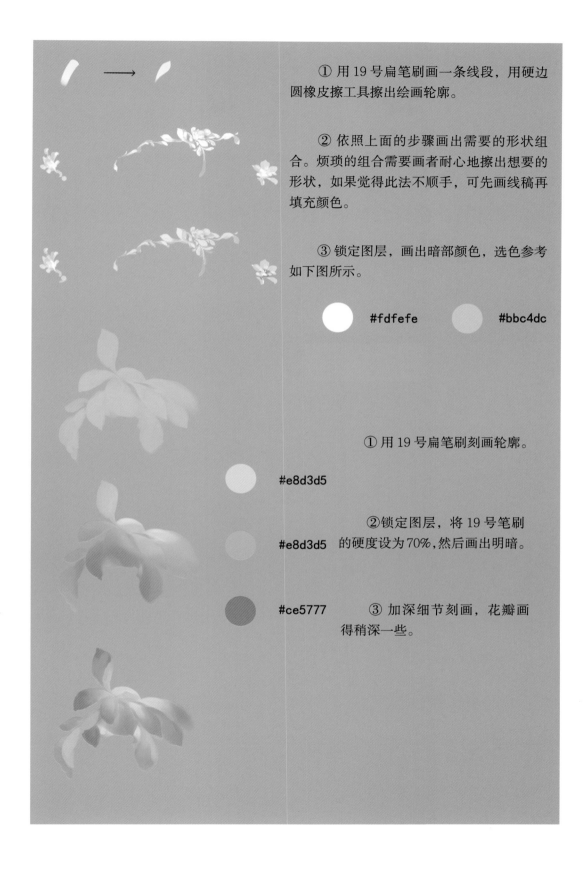

① 用 19 号扁笔刷画一条线段，用硬边圆橡皮擦工具擦出绘画轮廓。

② 依照上面的步骤画出需要的形状组合。烦琐的组合需要画者耐心地擦出想要的形状，如果觉得此法不顺手，可先画线稿再填充颜色。

③ 锁定图层，画出暗部颜色，选色参考如下图所示。

#fdfefe　　　#bbc4dc

① 用 19 号扁笔刷刻画轮廓。

#e8d3d5

② 锁定图层，将 19 号笔刷的硬度设为 70%，然后画出明暗。

#e8d3d5

#ce5777　　③ 加深细节刻画，花瓣画得稍深一些。

醉美古风：CG 插画角色秘笈·国色佳人

#d0b192

①用19号扁笔刷画出形状。

#d2b496

#967556

②将19号笔刷的硬度设为50%，然后画出暗部和亮部。

#eee1dc

#d2ab86

#8e643c

#a7b5c4

③用加深和减淡工具强化明暗部，再在图层最下方新建图层，画出一点反光。

6.4 金属头饰

金属头饰是仅次于头花使用率的饰品，适合任何色系，通过环境色渲染暗部可做出各种颜色属性的变化。其特点是高对比度、高反光、强高光、暗部颜色较深、不透光。

金属头饰的绘画步骤与前文介绍的相同，画出轮廓，锁定图层，画出暗部。

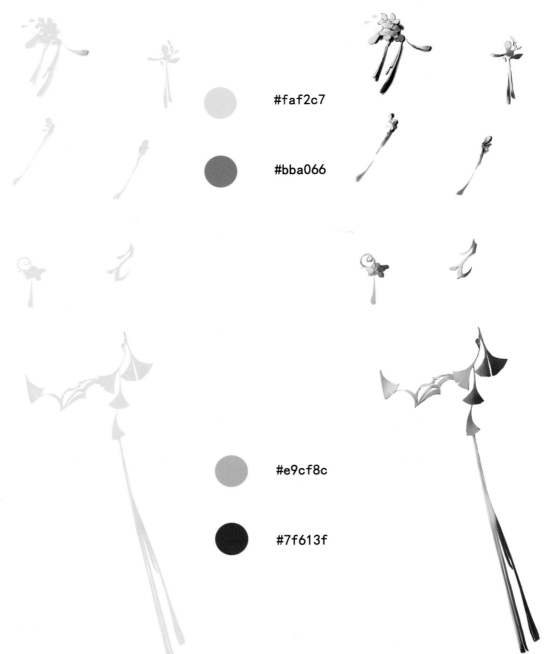

#faf2c7

#bba066

#e9cf8c

#7f613f

特别提示：

除饰品本身有其自身的明暗外，也要注意到整体饰品的明暗，从选色参考上可以看 出，颜色是从上到下渐变加深的。

6.5 毛领

毛领特点：柔软，暗部多为与衣服相近的饱和度较低的颜色，有较弱的阴影。绘画时，需要分层处理，多与披风组合出现。

①用柔边圆笔刷画出毛领底色，让毛领边缘柔和一些，然后用柔边圆涂抹工具，一笔一笔地涂抹。

②锁定图层，用柔边圆笔刷画出暗部，因为衣服底色偏青蓝色，所以白色毛领的暗部加入了些衣服的反光。

#fcfbfb

#c3dbe0

③给毛领加上金色饰物。

#f9f6db

#dcbb7d

6.6 华丽金属头饰

①用铅笔笔刷画出线稿。

②给线稿铺底色，将头饰画出明暗部。

○ #efe4c5

● #ab834d

③隐藏线稿，进一步细化头饰。将线稿隐藏后，需要靠体积感展现头饰的立体感，光影对比需要相对明显些。

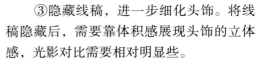

○ #f5e7c5

● #d2ae64

● #b79466

④珠链画法：选择硬边圆笔刷，在菜单栏执行"窗口—画笔"命令，调出"画笔"框，设置笔刷间距，根据不同笔刷大小设置不同数值，直到笔刷呈下图所示效果，一字排开。设置好后保存笔刷，在画笔预设的最下方可找到新建的笔刷。

注： 此笔刷仅适合画底稿，珠帘本身的光影变化，还要根据不同图片做不同处理。

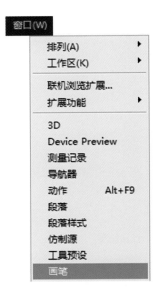

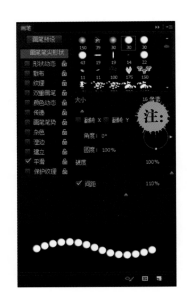

⑤复制图中的小花饰，水平翻转到画面左侧。用加深和减淡工具加强头饰的对比度，头饰部分就完成了。

在画花瓣时，不要像小时候画花一样，所有的花都是面向我们方向开的。花瓣会有卷曲，会有透视，下面是部分花瓣卷曲的示例，大家在平常练习时可多参考工笔白描花卉。

①先画好头花的轮廓，填充颜色后锁定图层，上色时注意区分好大概明暗关系。

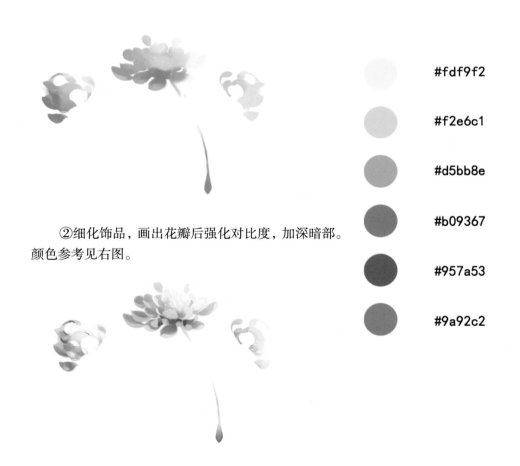

②细化饰品，画出花瓣后强化对比度，加深暗部。颜色参考见右图。

#fdf9f2

#f2e6c1

#d5bb8e

#b09367

#957a53

#9a92c2

按 Ctrl+T 快捷键旋转图像。将金属色头饰改为紫色头饰，调节色相／饱和度，必要时还可以调整色彩平衡。

#f5f2f5

#cbc5dd

#b7b0ce

#8682b0

#706997

#585681

注：

最深和最亮的用色比例在图中的使用量相对较少，在了解配色参数后，还需注意在图中的用色比例。

6.7 玉佩

古人很多的生活器具都是由玉石雕成的，常戴在身上的就有玉佩。繁钦的诗中"美玉"是指玉做的佩，或写作"佩"。

玉佩特点：透光，玉的透光性与其本身的质地有很大关系，这里不做质地的解说，笔者习惯把玉佩的透光处理得较弱一些，画玉镯、玉珠时透光性会较强。

①用椭圆选框工具，按住 Shift 键拖出一个正圆形。按 Alt+Del 快捷键填充前景色。

②游戏策划要求玉佩中间有"千日"二字，大家在画的时候可以灵活设定。这里笔者就用柔边圆橡皮擦工具擦出外轮廓和内部字样，有点类似剪纸效果。

②用硬边圆橡皮擦工具修饰边缘，锁定图层，用柔边圆笔刷上色。

④执行"图像—调整—色相 / 饱和度"命令，对玉佩颜色进行调整，用加深和减淡工具（柔边圆笔刷）提亮亮部，加深暗部。

⑤用硬边圆压力大小笔刷画出玉佩的穗，作为底稿。

⑥锁定图层，定好玉佩穗的主色调。这里的颜色可以大概选取，定稿后再做颜色调整，颜色不必一步到位。

#c7e2e0

#aed8dc

#98c8c8

#78b1b0

#3e8792

#ddd8d0

⑦给玉佩穗确定好明暗关系，把流苏部分加浓密，笔刷用硬边圆压力大小。

⑧执行"图像—调整—色相 / 饱和度"命令调整颜色，用 19 号笔刷给流苏部分加细节，然后用硬边圆橡皮擦工具裁齐流苏。

#e12135

#db022d

#a40c23

#69241f

柒

皇妃

7.1 整体绘制

①画出面部轮廓，平涂肤色，选择 49 号笔刷，硬度设为 100%，肤色选择中间值，如下图所示。

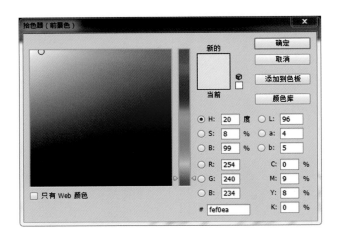

②画出面部结构，定位出主光源，给五官铺色，画出衣服的大致轮廓。

③画出睫毛、腮红等面部细节，整体强化面部。

如不熟悉以上三步画法，请复习五官部分的绘画方式。

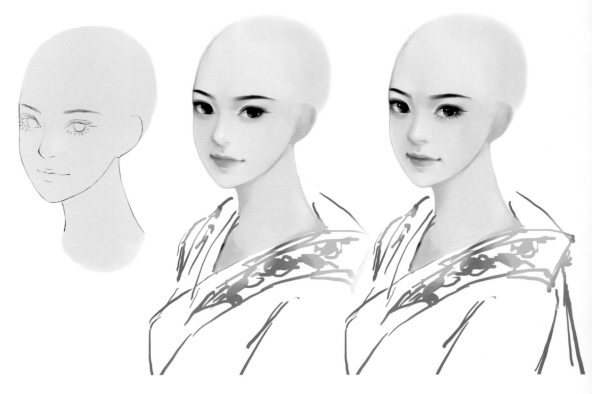

④画出头发轮廓，发色参考下图
选色位置。发色忌选最下边缘的纯黑
色，选择 19 号笔刷。

⑤画出头发亮部，选择 19 号笔刷，
硬度设为 70% 左右。

⑥采用下宽上窄的发型，体现贵族女子的稳重高贵。复制画面右侧的一缕垂发，拖动到左边。

⑦给衣服涂上金黄色，选色参考如下图所示。

⑧加深衣服的颜色。给衣服画出暗部，选择19号笔刷。选色参考如下图所示，在基础底色上，往斜下方选色。

⑨细化垂发，垂发由于发量较少，所以会有一定的透光性，画的时候需要注意透出些衣服的底色，不要画得过于厚实，选择19号笔刷。

⑩复制画好的那条垂发到另一侧。

⑪在人物图层下新建图层，填充未画地方的发色，颜色选择如下图所示，用发色中最深的颜色。

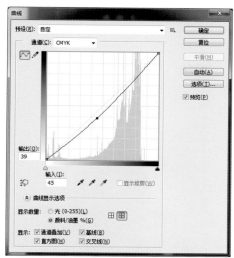

⑫细化发髻部分，使外轮廓更加清晰。选择 19 号笔刷，颜色选择头发的中间色。

⑬执行"图像—调整—曲线"命令，微调衣服图层颜色，使颜色变暗一些。

⑭用硬边圆橡皮擦工具修整发型边缘。

⑮隐藏草图，笔者习惯先确定好色块再描必要的线，一般到这一步后就要隐藏草图了。

⑯执行"图像—调整—色相／饱和度"命令，提高衣服图层的饱和度。

⑰执行"图像—调整—色阶"命令，加深衣服图层的颜色。

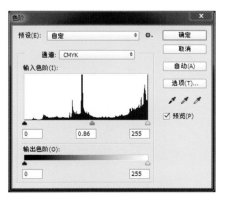

⑱执行"图像—调整—曲线"命令，之前颜色过深，用曲线调整一下整体。曲线相较于色阶，在调色上更加灵活。

⑲添加头饰，我们可先画好头饰，然后直接拖过来使用。平常多练习些饰品绘画，这时就会方便很多，头饰的画法见下文。

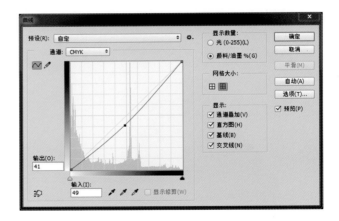

⑳吸取金饰颜色(如下图)，选择 19 号笔刷，硬度设为 70% 左右，画出凤钗的大致形状。

㉑选择白色，用短粗的线条画出凤钗尾部，选择 19 号笔刷，进一步画出凤钗的头部和细节底稿。

㉒用白色给凤钗尾部上底色，下笔可轻一些，使底色透过。再新建一个图层，给尾部添加黄色羽毛形状，选择 19 号笔刷。

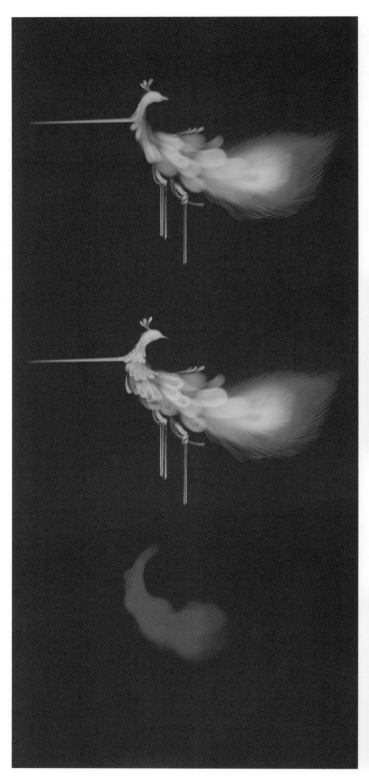

㉓在凤钗底层新建图层，用19号笔刷画出流苏和钗柄，可按住Shift键画出流苏处的直线。

㉔画出凤钗细节，缩小19号笔刷，凤钗羽毛中部颜色如下图所示。

㉕在凤钗最下层新建图层，画出金属底色，补充凤钗半透明的部分，选色如下图所示。

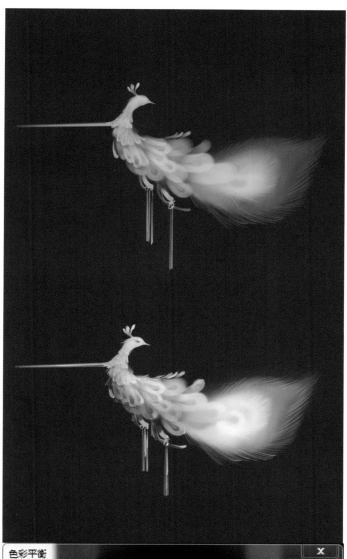

㉖把㉕步的底色叠加到凤钗下面，使底色变暖。

㉗再在最下层新建图层，给凤钗尾部叠加白色，降低半透明效果。然后用加深和减淡工具，提亮亮部，加深暗部。用19号笔刷给流苏部分画出阴影，颜色选择如下图所示。

㉘执行"图像—调整—色彩平衡"命令，微调凤钗整体颜色。配合衣服颜色，凤钗的金属颜色不要过深。

㉙画出红色里层衣服，增加人物的层次感。画出花钿，呼应里层衣服的颜色，将花钿颜色做渐变，增加细节度，选择 19 号笔刷，衣服和花钿颜色选择范围大致如下图所示。

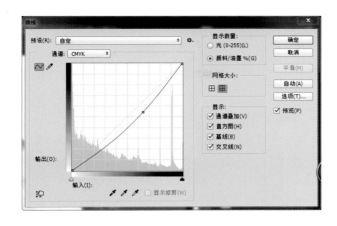

㉛颜色浅些会比较清新，执行"图像—调整—曲线"命令，将整体图层上的画面变浅。

发簪花纹参考下图。

㉜衣服花纹绘画步骤如下：先用 19 号笔刷大体画出翅膀状花纹的明暗关系，然后分组，并加深颜色，用色彩平衡把整体颜色调红润一些，最后用 19 号扁笔刷细化每根羽毛的外边缘。在画尖角或花纹边缘的时候，扁笔刷很好用。

㉝用硬边圆压力大小笔刷画出肩饰形状，思路是花瓣和花枝，选择颜色如下图所示。

㉞锁定图层，用19号笔刷画出暗部，暗部颜色如下图所示。

㉟进一步加深颜色，可用色阶工具，然后选择加深和减淡工具对明暗部进行强化。

7.2 细化内容

①给人物加上耳环，选色用已搭配好的饰品颜色。

②用 19 号笔刷细化一下发髻部分，硬度设为 70%，加上发丝。

③用 19 号扁笔刷画一些小细节的头饰。

特别提示：

金属色在不同图中会受环境色影响，需考虑图片是暖色系的还是冷色系的。

最后给大家核对一下完稿颜色，如下图所示。由上到下分别是金色头饰、衣饰、红色花钿、里层衣服、发色。

前文之所以给出大致的颜色位置，是因为从草图到完稿的过程中会有很多次调色阶、饱和度等操作，所使用的颜色都不是固定的，大家选择调色板中相似位置的颜色即可。这里的颜色，是为了让大家的完稿在不同显示器显示下也能有相同的效果。

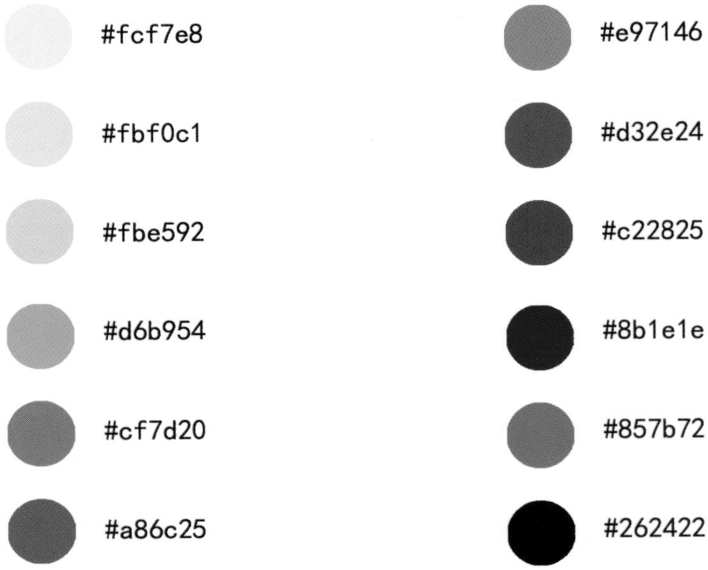

#fcf7e8　　　　　　#e97146

#fbf0c1　　　　　　#d32e24

#fbe592　　　　　　#c22825

#d6b954　　　　　　#8b1e1e

#cf7d20　　　　　　#857b72

#a86c25　　　　　　#262422

捌

桃妖

8.1 头部绘制

先画好头部轮廓并填充底色，然后锁定图层，画脸部结构。设定主光源，接着定位五官位置，这一步笔者通常需要调试很久，确定了舒服的位置后再开始给五官上色。

面部所有笔刷均可用 19 号笔刷，根据笔刷所需融合度不同，适当调节笔刷硬度即可。

由浅到深逐步加深五官颜色，然后给眉尾加上一些橙色，眼球的颜色较浅，给唇部加上唇纹竖线。因为设定的女子是妖精，所以眸色和妆容会有一些妖异的成分。

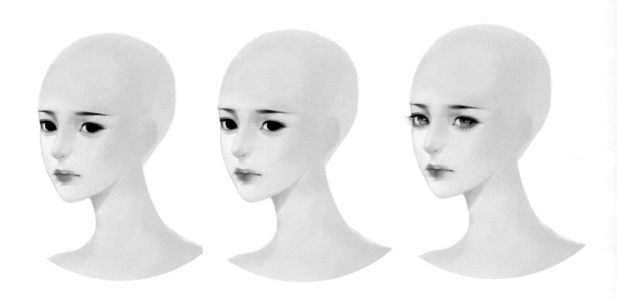

画头发的笔刷为 19 号笔刷，画头发的时候不需要降低笔刷硬度，100% 效果最好。

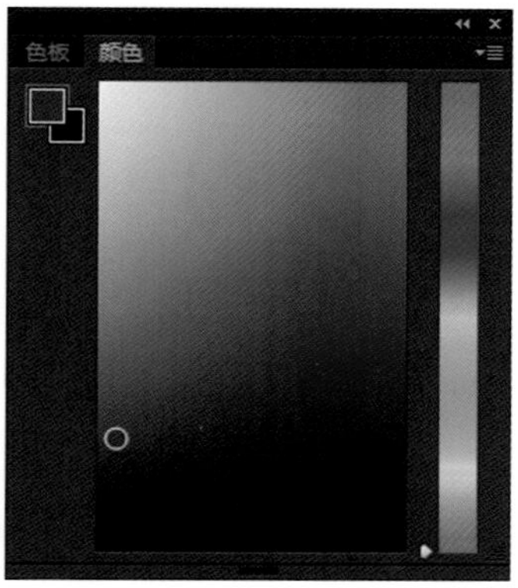

肤色	#fbf7f2	唇色	#e5b1ab
	#f9f1e8		#d26f6c
	#efd8cb		#c6554d
	#e4d2c6		#a62825
眸色	#939e98	发色	#534846
	#626767		#211f1f

注： 发色底稿切忌使用纯黑色，在画图中所有底色尽量用所画颜色的中间色。

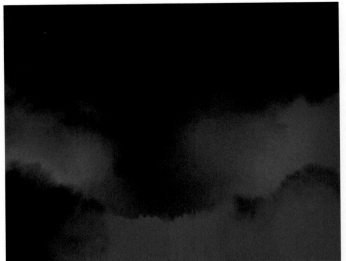

这里需要介绍一套绘画中非常好用的笔刷——灵华水墨画笔，左图是用这套笔刷里的湿墨渲染笔刷绘制的。

该笔刷为淘宝收费笔刷，效果如下。

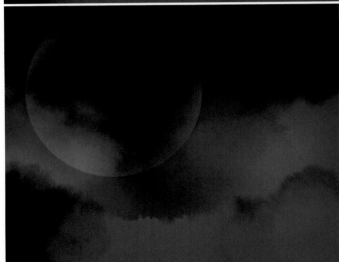

用椭圆选框工具，按住Shift键拖出一个正圆，填充为白色，然后设置图层不透明度为35%左右。如果还觉得透明度不够，可用柔边圆橡皮擦工具擦掉圆形中间的部分，仅留边缘。

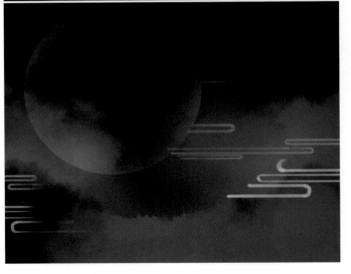

用柔边圆笔刷选择白色，画出云纹效果。下笔力道轻些，可透出一点底色。

画出蝴蝶，选择黄色，用柔边圆笔刷点出不规则光点。

8.2 手部绘制

选择拖动工具，把人物拖动到背景中，画出手的轮廓。

选择橙色，给手部描线，这一步也可先画出手部线稿，然后填充颜色，手部线稿选色如下图所示。

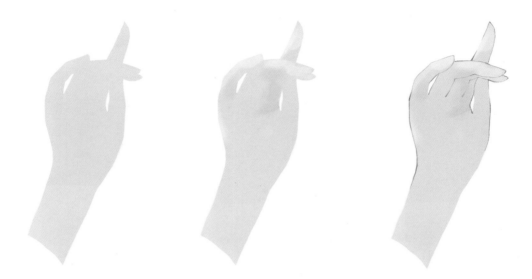

手部的颜色可直接吸取肤色，先画出手部剪影，然后锁定图层并加入暗部，最后用饱和度低的橙色或褐色描边线。

我们在画手的时候，易出现的问题是手要画多大才合适。一般来说，女子的手要比男子的小一些，手指相对纤细。在手部大小上，笔者个人经验是参考脸部，女子的手捧住脸后，手掌底部在下巴的位置，手指尖在眉毛尾端，在这一距离内适量把握是合适的。如果有透视纵深的情况，需灵活把握。

8.3 服饰绘制

用19号笔刷画出衣服剪影。

锁定图层，用19号笔刷给衣服上色，外层袖子做半透明质感。透出一点背景色，画的时候下笔要轻，其他地方可画得厚实一些。

#4b6269

#202729

#595756

#161719

#12688f

#17445a

用 19 号笔刷画出衣饰的位置，颜色可大致搭配一下。整体选色要符合画面，基调偏暗一些。

用 19 号扁笔刷画头饰，定好饰品的配色为金色、绿色，配红色流苏，给手部画上花枝。

选择硬边圆笔刷，调整笔刷间距，给头饰加上珠链。

锁定金色饰品图层，给金饰加暗部。

注：饰品有不同颜色，最好分别建立图层，方便以后上色。

考虑到整体效果，防止密集恐惧症，暂时先隐藏珠链，后期再做删减。

用加深和减淡工具提亮头饰亮部，加深远离主光源的饰品部分，然后逐步细化头饰。

#fcfaf0

#9b9076

#665b44

#372f26

注：

金色在不同的图中会受环境色影响，此图中颜色较暗，整体偏墨绿色，所以金色也会相对暗淡一些。可对比上一案例中的金色来体会。

吸取搭配好的金色画出耳饰，笔刷用 19 号扁笔刷。

复制头饰①，拖动到项圈②处，给项圈加上边框和流苏。

#3822223

#511d1c

#285451

#172122

注：

红绿流苏也要变暗一些，不可用高饱和度的色彩。如果
掌握不好颜色，可先画出流苏，然后调整图层的不透明
度，自然融合底色也会提高配饰颜色的融合度。

简化珠链，锁定珠链图层，吸取背景的墨绿色，从下到上用柔边圆笔刷罩染。细化头饰绿色部分，做出半透明效果。

注:

很多学员在上课中反映，不会画半透明效果。简单地说，半透明效果就是清晰边缘，在中间部分透出底色。所以在画半透明物品前，要先把底色画好。

细化手中花枝，细化手镯部分。手镯上的铃铛因为所处位置靠下，又是背光部分，所以画的时候要做到颜色压暗和加深，饱和度不能过高。手镯下方的流苏也是所有流苏中颜色最深的。

玖

喜服

9.1 背景绘制

用64号笔刷涂抹背景，选择左上角留白。64号笔刷可在"腾讯课堂"搜索"绘梦CG学院"学员群，在共享文件里下载。

⬤ #e6e9f1

⬤ #c0c4e1

用64号笔刷画出树干和树枝，树枝生长方向呈半圆形。

⬤ #ab969e

⬤ #443a3c

画出花朵，然后在图层在最上面新建图层，画些飘散的花瓣。

花朵部分，如果不是常见形状，把握不好的话，建议先找参考素材，然后画出线稿。

用硬边圆笔刷填充花朵底色。

隐藏线稿，锁定底色图层，给花朵上色，选色参考如下图所示。

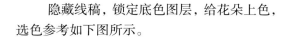
#f9e8ec

#d5838f

用 19 号笔刷绘制脸部,硬度设为 60% 左右;用 19 号笔刷绘制五官,硬度设为 80% 左右;头发绘制用 19 号笔刷,硬度设为 100%。女子的肤色和发色都要比男子的暖一些,脸色可偏粉嫩,发色偏棕,选色参考如下。

#f9ebe7   #f3d3c5   #dabaa7

男子面部常规肤色的饱和度偏低，发色比女子深一些，唇色饱和度也要比女子的低一些，可多用肤色过渡一下。绘画步骤与女子的相同，在轮廓上男子颧骨位置比女子的要高一些，鼻子长度稍长，选色参考如下。

#f9eee0　　　　　　　#eed1be　　　　　　　#d1b5a3

9.2 服饰绘制

　　看过笔者讲课的同学们都知道笔者是不画线稿的，这里为了方便解说，补充了线稿绘制。

　　通常我们画双人要比单人难，因为双人会有组合动作，不仅看单个人时要美观，双人组合成一个整体也要考虑到构图的稳定性和美观度。这里用了很稳的三角形构图，属于中规中矩不易出错的方法。用作封面也比较舒服，一般不会因为别出心裁而被要求修改。

　　绘画时，我们需要把人物分层来画，女子遮挡住的男子的部分最好也要有简单的表示，这样组合动作的位置会比较自然。

然后我们用颜色平涂人物，可按衣服的颜色区分图层，然后加上一些暗部阴影，选色参考如下。

　　选色的幅度不要太大，尤其在起稿阶段，颜色深浅控制尽量用饱和度来调，微带一些明度变化。这样颜色才会比较干净、清新。

　　给人物上色，细化衣褶，因为女子的衣服有浅绿色，所以为了呼应，男子肩膀处也用笔刷轻轻画了一些浅绿色。由于笔刷的透明度，透过红色底色时会有些变色。

　　衣褶部分，我们按照Y、V、Z等字形来绘制。有竖垂衣褶的地方需要用Y、V字形来绘制，有横向衣褶时需要用Z字形绘制。

　　比较大面积的衣褶，比如表现人体结构转折使衣服有变化时，我们需要用19号大笔刷，大小设为100像素以上，硬度设为40%左右。

　　小面积的衣褶，比如人体动作转折所形成的夹角，我们需要用19号小笔刷，具体大小视衣褶情况而定，硬度设为70%左右，必要时需要给衣褶画出明显且较深的轮廓线。

画飘带时先用灰色画出大概轮廓，然后锁定图层，图层属性选择"颜色"，吸取浅绿色罩染，然后把边缘和内部细化平整。

飘带的半透明感在白底色的情况下并不明显，我们需要把它放到有背景或人物的图层上才会有效果。单独绘画时需要注意留白，或者注意图层的透明度，可以用橡皮擦工具擦拭。

总之透过底色，透明度就会显现出来了。

在袖口、领口等处加些花纹，增加图片的可看性。古代男子发型和发饰相对女子来说更加简单，一般男子的装束画发簪和发带即可。

花纹叠加

选择一块小碎花图案，图层属性选择"划分"，把花纹图层拖到衣服上，在划分属性下，花纹自然呈现出金色质感。

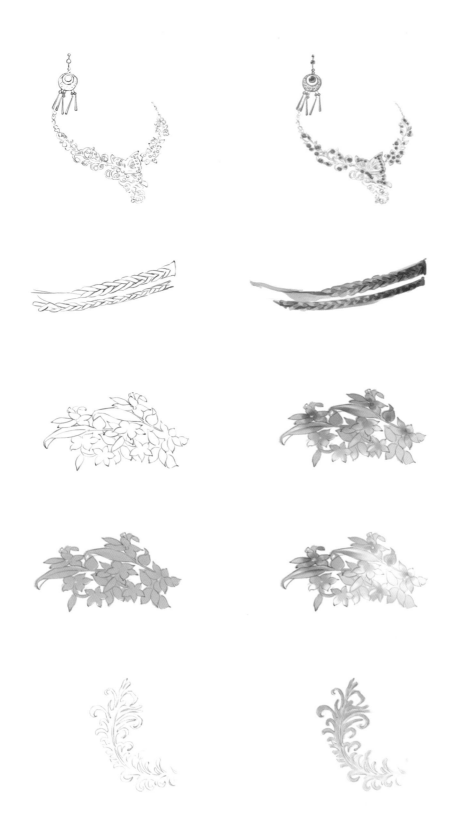

绘制手部

手部起稿时先画好梯形的手掌形状，然后找好定位点，选择硬边圆压力大小笔刷。

按照定位好的手指参考线，用硬边圆压力大小笔刷画出手部线稿。

用 19 号笔刷平涂手部颜色，女子的手的颜色略浅，硬度设为 80% 左右。

锁定图层，将手部的关键转折作为分界线，用 19 号笔刷画出暗部，硬度设为 70% 左右。

9.3 服装细化

衣服内层颜色暗部用偏绿的颜色，与手臂处的飘带统一。

因内层衣服处于图片下方，并且受光不强，所以吸取腿部肤色的颜色画亮部，不要用纯白的颜色，使饱和度降下来。

细化衣褶，注意衣褶不要有平行线，不要出现 X 形线，汇聚成一个夹角为宜。

醉美古风：CG 插画角色秘笈·国色佳人

绘制配饰前：

绘制配饰后：

完稿颜色如下图所示。

#f5c3a5

#e6a79b

#da6260

#c33532

#a62825

#ede7df

#c9ded5

拾

青瓷

10.1 背景绘制

画这张图最初的想法是按编辑的要求，用颜色亮一点的图作为封面，恰巧最近特别喜欢水彩图，就在图中借用了水彩元素。

水彩底纹的来源可以是网络购买素材，也可以自己买水彩绘画工具，画出大面积纹路，扫描到电脑。后者的方式会比较麻烦，但是可以得到独一无二的符合自己心意的效果。

这里笔者只选择了水彩边缘的效果，中间的颜色用笔刷大面积涂，笔刷是灵华水墨笔刷，该笔刷为版权笔刷，一机一码，需自行购买，这里只做推荐介绍。

湿墨毛绒

10.2 初稿绘制

然后用 19 号笔刷（硬度设为 70% 左右）把人物大致动作画出来，衣服边缘确保清晰。颜色的饱和度要低些，本图起稿的选色范围如左图所示。

用 19 号笔刷给脸部加上阴影，头花的笔刷用 19 号扁笔刷，因为本图整体偏冷色调，所以在头饰上用了暖一点的颜色。

用铅笔笔刷画出叶子形状，平涂底色，锁定图层，用与底色相近的颜色涂色，在叶子尖端涂一点暖色调，增加颜色的丰富度。涂色笔刷选用 19 号笔刷，硬度设为 70%。画细节的时候，比如叶子转折边缘或尖端，选择 19 号扁笔刷。

#d9e5ef

#acc0c9

左侧为叶子选色值

#987485

10.3 色彩调整

平常我们调整单独图层用到的工具都是"图像—调整"里的，那么如果我们需要整体调整又不想合并图层的时候，就可以用到图层功能，如下图所示，头花图层不透明度设为76%。

用"色相/饱和度"和"曲线"调整一下背景图层，前者调整颜色，后者微调对比度，使图片不会显得过灰。因为模仿水彩效果时用的颜色饱和度都偏低，很容易就灰掉或对比度不强。

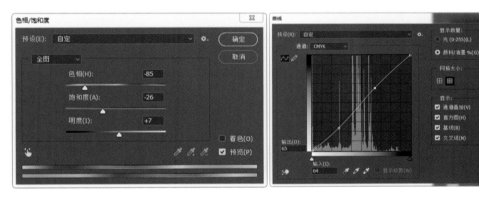

然后加强一下亮度/对比度。

10.4 刻画细节

经过前面的颜色调整，颜色和对比度都有了些变化，我们在调整的时候不需要记住调整的数值，灵活调整即可，目的是让底色衬托人物，使对比明显，尤其是人物挡住的部分，要做出一些阴影感觉。

画垂发的时候，需要注意，不要平涂颜色，用 19 号笔刷，硬度设为 100%。这个笔刷有透明度和湿边，很适合画头发，半透明的效果也适合画垂发，使垂发效果不会太过死板，有薄度和透光性。

用椭圆选框工具拖出个椭圆作为扇面,填充白色,然后调整图层不透明度,使扇面呈现半透明效果。

画出手臂处的前景,半遮挡住抬起的手臂,然后在前景层下新建图层,画出叶子阴影。

注:

阴影颜色可以选择图层属性"正片叠底"来画,颜色把握上更不容易出问题。

醉美古风：CG插画角色秘笈·国色佳人

　　选择 19 号笔刷，给头发画亮部，然后缩小笔刷，画出亮部的细丝头发。头发边缘偏深，亮部围绕头顶呈弧形。顶部涂色最为厚实，其次是发髻部分，最后是垂发。与厚实相呼应的是头发的高光，越厚实的地方，高光越强。薄的地方，可以不用画高光，只需要留出透光性，透出一些底色即可。

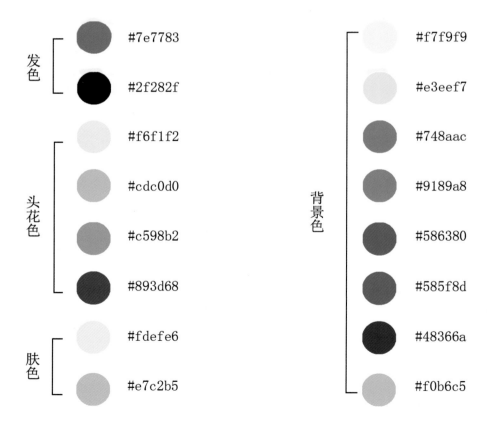

发色
#7e7783
#2f282f

头花色
#f6f1f2
#cdc0d0
#c598b2
#893d68

肤色
#fdefe6
#e7c2b5

背景色
#f7f9f9
#e3eef7
#748aac
#9189a8
#586380
#585f8d
#48366a
#f0b6c5

调整头花位置，放在发髻下层，然后复制图层，把头花放在两侧，全面细化头饰和流苏，给前景花朵画出深粉色边线，画出前景叶子、花的亮色边线。

在发髻上层加白色饰品，笔刷用 19 号扁笔刷，不用特别选色，只用白色就好，注意下笔力度，使颜色有点深浅变化。最后在最上层新建图层，整体点一些白色的点，增强一些氛围，封面图片就完成啦！

包装设计

孙敏娜 编著

实 用 方 法 讲 解
百 余 个 经 典 案 例
千余幅延展资料图

高清图片

南京师范大学出版社

图书在版编目（CIP）数据

包装设计 / 孙敏娜编著 . — 南京：南京师范大学
出版社 , 2021.1
高等院校艺术设计专业应用型人才培养教材
ISBN 978-7-5651-4768-5

Ⅰ . ①包… Ⅱ . ①孙… Ⅲ . ①包装设计—高等学校—
教材 Ⅳ . ① TB482

中国版本图书馆 CIP 数据核字（2020）第 259083 号

书　　名	包装设计
编　　著	孙敏娜
编　　委	张　犇　吴振韩　杨艳芳　黄　展　丁亚祥
	唐绍钧　东桂迎　赵贵清　梁　磊　马静之
策划编辑	何黎娟
责任编辑	杨　洋
出版发行	南京师范大学出版社有限责任公司
地　　址	江苏省南京市玄武区后宰门西村 9 号（邮编：210016）
电　　话	（025）83598919（总编办）　83598412（营销部）　83373872（邮购部）
网　　址	http://press.njnu.edu.cn
电子信箱	nspzbb@njnu.edu.cn
照　　排	南京凯建文化发展有限公司
印　　刷	南京爱德印刷有限公司
开　　本	787 毫米 ×1092 毫米　1/16
印　　张	8.25
字　　数	170 千
版　　次	2021 年 1 月第 1 版　2021 年 1 月第 1 次印刷
书　　号	ISBN 978-7-5651-4768-5
定　　价	48.00 元

出 版 人　张志刚

前言

生活中，包装无处不见，它们形形色色，包罗万象，方便和美化着我们的生活。那么，什么才是包装呢？除了我们常见的瓶子、纸盒、塑料制品外，大自然中的香蕉、橙子等的外皮是包装吗？你或许说是，也或许说不是。下面，让我们打开本书，一起走进包装，了解包装设计。

在第一章中，通过案例了解狭义和广义包装的定义，以及包装的功能，你便能解答香蕉、橙子等的外皮是否是包装的问题；通过包装的古今形态对比，介绍包装的造型与结构的发展趋势，你会理解包装的概念。如何着手设计包装呢？在第二章中，通过包装设计的定位、方案构思和表现形式的学习，你会了解如何设计出草图方案。在确定草图方案后，第三章详细讲解了包装的视觉元素设计，包括文字、图形、色彩和编排设计。与视觉传达艺术设计中的其他课程不同，包装设计中的造型设计，尤其是纸盒包装造型的设计是重难点。通过第四章具体的图例解析和实践练习，初学者也可以快速了解纸盒包装的设计要点，并能够对纸盒进行改良和创新。在前四章的基础上，第五章简要介绍了包装的材料和印刷工艺，帮助初学者全面地了解包装设计的落地过程。跟随着章节流程设计和制作，系列化包装设计也就完成了。第六章特别融入了包装摄影和 VI 展示的内容，这些内容会帮助初学者出色地呈现包装设计的最终效果。

教材编写在遵循包装设计"科学性""规范性"的基础上，努力呈现"应用性""趣味性""综合性"和"系统性"。

其一，教材的六章内容由浅入深，层层推进，逻辑严谨。

其二，每节的编写大多以"案例＋知识点＋学习任务"三环节呈现，以经典案例为指引，遵循以任务为驱动的项目式教学思路。

其三，全书案例求新求精，图文互证，帮助学生掌握技巧、拓宽眼界。

其四，在经典案例和基本理论的基础上，"小贴士"可实现知识与能力的迁移性发展，使教材内容多元而开放。

其五，"学习任务"不仅要求明确，而且提供一定的思路、方法和建议，通过任务和问题，激发学生动手实践，探索解决方法和路径，满足应用型院校师生和广大包装设计者的职业技能需求。

本书在撰写过程中，参阅并借鉴了国内外前辈和同行的资料，以及大量的优秀作品，特别是 Pentawards 获奖作品、Deline 获奖作品，以及国内外优秀的设计工作室的作品，如 Backbone Branding 工作室等，不能一一细数，在此表示由衷的敬意和感谢！同时，要特别感谢屠曙光教授在本书撰写过程中给予的指导和支持！诚挚感谢优秀的唐绍钧老师、马静之老师等同仁们，以及姚英杰、周倩文等同学为本书撰写提供的帮助。

教材中每一件优秀的作品就是一位出色的老师，很多优秀的图例、动图和视频限于版面未能于书中页面呈现，为此，我们精心制作了二维码形式的下载链接，以飨读者。笔者学识不足，若有疏漏之处，恳请各位专家、同行和读者朋友们指正。

孙敏娜

2020 年 12 月 13 日

微信扫码，看本书
参考文献和推荐书目